本专著受"吉林师范大学学术著作出版资助基金"和
"吉林省哲学社会科学智库基金项目（2024JLSKZKZB084）"资助

老龄员工技术焦虑与
人工智能技术持续采纳

基于情感与认知的双路径模型

郭衍宏　魏旭◎著

经济管理出版社

ECONOMY & MANAGEMENT PUBLISHING HOUSE

图书在版编目（CIP）数据

老龄员工技术焦虑与人工智能技术持续采纳：基于情感与认知的双路径模型/郭衍宏，魏旭著 . -- 北京：经济管理出版社，2025. 7. -- ISBN 978-7-5243-0386-2

Ⅰ. TP18

中国国家版本馆 CIP 数据核字第 2025G16N47 号

组稿编辑：赵亚荣
责任编辑：赵亚荣
责任印制：许 艳
责任校对：陈 颖

出版发行：经济管理出版社
（北京市海淀区北蜂窝 8 号中雅大厦 A 座 11 层　100038）
网　　址：www. E-mp. com. cn
电　　话：(010)51915602
印　　刷：唐山玺诚印务有限公司
经　　销：新华书店
开　　本：710mm×1000mm/16
印　　张：9. 25
字　　数：123 千字
版　　次：2025 年 8 月第 1 版　　2025 年 8 月第 1 次印刷
书　　号：ISBN 978-7-5243-0386-2
定　　价：68. 00 元

　　随着以人工智能技术为代表的数字技术逐渐被组织广泛应用，组织实践中催生了基于人工智能技术的管理问题，例如，员工对人工智能技术的采纳水平低，难以发挥人工智能技术的优越性。因此，如何更好地采纳人工智能技术成为学界的热点问题。面对全球老龄化趋势与组织员工老龄化的现实，人口老龄化所带来的问题越发严峻，学界兴起对"成功老龄化"等概念的探索，但尚未有重要成果，因而有必要持续探究老龄员工在组织中的作用。带有"数字移民"特征的老龄员工在面对人工智能技术的持续采纳问题时，不可避免地会产生技术焦虑，而在技术焦虑情形下，老龄员工是否会接受组织安排而持续采纳人工智能技术呢？针对这一问题，有必要探索老龄员工技术焦虑与人工智能技术持续采纳之间的作用机制与边界条件。

　　本书基于认知评价理论、情感事件理论，构建了老龄员工技术焦虑影响其人工智能技术持续采纳的理论模型，探讨老龄员工技术焦虑通过组织信任、信息通信技术自我效能(ICT 自我效能)对人工智能技术持续采纳的影响机制，以及心理脱离在此过程中的功能作用。通过问卷调查等实证方法，本书基于 525 份调查问卷构建了一个被调节的双中介路径模型，利用

SPSS 25 软件对获得的有效数据进行信度与效度分析、共同方法偏差检验、描述性统计分析，然后利用 Mplus 软件的 Bootstrap、结构方程模型等方法检验假设。通过上述研究得出以下结论：老龄员工技术焦虑正向影响人工智能技术持续采纳，但该主效应的显著关系因组织信任、ICT 自我效能被一定程度地遮掩；此外，心理脱离削弱了老龄员工技术焦虑对组织信任、ICT 自我效能的负向作用，同时削弱了组织信任、ICT 自我效能的中介作用，即组织信任与 ICT 自我效能的遮掩效应被减弱。本书研究结果拓展了人工智能技术持续采纳的理论基础及前因变量研究，且验证了技术焦虑亦有正向功能。

　　本书虽然通过问卷调查、潜变量结构方程模型分析等方式得到技术焦虑与人工智能技术持续采纳之间的作用机制，但仍存在一定的局限性。未来可以通过多时间段、多渠道收集问卷和验证数据等方式来避免共同方法偏差，同时遮掩效应的存在说明中间过程存在效应更大的中介变量，未来研究可以进一步深挖两者之间的影响机制。

目 录

I

第一章

绪　论

Chapter one

研　究　背　景

习近平总书记强调："中国正致力于实现高质量发展，人工智能的发展应用将有力提高经济社会发展智能化水平，有效增强公共服务和城市管理能力。中国愿意在技术交流、数据共享、应用市场等方面同各国开展交流合作，共享数字经济发展机遇。"[①]随着全球信息化进程的加速推进，当下时代以新一代信息技术为驱动，正逐步引领人类社会迈向一个全新的发展阶段。以人工智能(Artificial Intelligence，AI)技术为代表的数字技术发展与应用将为世界发展进步提供强大动力。正如蒸汽时代的蒸汽机、电气时代的发电机，人工智能技术正成为推动人类进入智能时代的强大力量，对提升国家科技影响力具有举足轻重的影响。

人工智能技术自诞生以来，经历了漫长而曲折的发展历程。从最初的简单规则推理，到后期的深度学习、计算机视觉、自然语言处理和数据挖掘等领域的蓬勃发展，人工智能技术不仅在理论研究上取得了重大突破，更在实际应用中展现出了广泛的实用价值。

---

① 习近平致信祝贺二〇一八世界人工智能大会开幕强调共享数字经济发展机遇　共同推动人工智能造福人类［N/OL］. 人民日报，2018-09-18. http：//politics. people. com. cn/n1/2018/0918/c1024-30298955. html.

（1）深度学习是通过构建多层神经网络模型，以实现对复杂数据的高效处理和分析。这一技术有效提升了人工智能系统性能，同时也在图像识别、语音识别、自然语言处理等领域取得了显著成果。例如，深度学习技术在医疗领域能够完成疾病诊断、病理分析等工作，提高医疗服务效率和质量；深度学习技术在交通领域能够应用于智能交通系统的设计和优化，以提高交通系统的安全性和可靠性。

（2）计算机视觉技术通过模拟人类视觉系统可实现图像和视频的高效处理和理解，主要应用于安防监控、智能制造、自动驾驶等领域。例如，计算机视觉技术在智能制造领域，主要用于产品质量检测、生产线自动化等，提高生产效率和产品质量；计算机视觉技术在自动驾驶领域是实现车辆自主导航、避障等功能的关键技术之一。

（3）自然语言处理技术通过模拟人类的自然语言处理能力可实现人机之间的无缝沟通，主要在智能客服、语音助手、机器翻译等领域得到了广泛应用。例如，自然语言处理技术在智能客服领域能够协助企业实现自动化客户服务，提高客户服务效率和客户满意度；自然语言处理技术在机器翻译领域则可以实现不同语言之间的实时翻译，促进全球信息的无障碍流通。

（4）数据挖掘技术通过从海量数据中挖掘出有价值的信息和模式可为企业的决策提供科学依据。该技术既能够帮助企业发现市场趋势、优化运营策略，也能够帮助企业预测未来的发展趋势和潜在风险。例如，数据挖掘技术在金融领域可用于风险评估、欺诈检测等；数据挖掘技术在电子商务领域可用于用户行为分析、商品推荐等。

此外，作为重要的赋能技术，以深度学习、计算机视觉、自然语言处理和数据挖掘等为代表的人工智能技术也能够有效地激活实体经济、加快战略性新兴产业发展，为组织生产发展提供全新机遇。

（1）在激活实体经济方面，人工智能技术应用于智能制造、智慧农业、智慧物流等多个领域。人工智能技术在智能制造领域主要应用于生产线自动化、质量控制等方面；人工智能技术在智慧农业领域主要应用于精准农业、智能灌溉等方面；人工智能技术在智慧物流领域主要应用于智能仓储、智能配送等方面。以上领域的智能化改造和升级，不断提高生产效率、降低成本、提升产品质量和附加值，并基于此，促进了传统产业的转型升级和可持续发展，更有效地提高了实体经济的竞争力。

（2）在加快战略性新兴产业发展方面，人工智能技术推动物联网、云计算、大数据、5G 通信等领域快速发展。这些领域作为新一代信息技术的核心组成部分，其本身既具有巨大的市场潜力和发展前景，也具备为其他产业发展提供重要支撑的功能。物联网技术通过将各种设备连接到互联网上，实现设备之间的互联互通和数据共享；云计算技术通过提供强大的计算能力和存储能力，支持各种大规模应用和服务的部署和运行；大数据技术通过挖掘和分析海量数据中有价值的信息，为企业的决策和运营提供科学依据；5G 通信技术提供更高的带宽和更低的延迟，支持更多样化的应用场景和服务模式。

人工智能技术给组织带来巨大效率与突破的同时，也催生了大量基于机器智能的管理新实践。通过挖掘和分析海量数据中有价值的信息，人工智能技术帮助组织快速、准确地识别市场趋势、竞争对手动态和潜在风险，为组织决策提供科学依据。人工智能技术推动人机协同工作模式的发展，通过使机器承担更多重复性和低附加值的工作，从而释放出劳动者的创造力和想象力。同时，人工智能技术也可以为劳动者提供智能化辅助和支持，提高工作效率和质量。具体而言，人工智能技术在医疗领域辅助医生进行疾病诊断和治疗方案的制定；人工智能技术在教育领域为学生提供个性化的学习资源和辅导服务。人工智能技术可以构建基于数据的绩效评估与激励机制，通过挖掘和分析员工的工作数据和行为数据，更加准确地评估员工的工作表现和价值贡献，从而制定更加合理的薪酬和激励机制。

人工智能技术能够为组织提供智能化的培训和发展计划，帮助员工提升技能和知识水平，实现个人与组织的共同成长。人工智能技术中的人工神经网络技术(Artificial Neural Networks)可预测员工离职，并揭示影响离职的未知因素；人工智能技术中的文本挖掘(Text Mining)可应用到情感分析(Sentiment Analysis)，了解管理者、员工、求职者以及其他利益相关者的情绪，并提供有价值的信息(Strohmeier 和 Piazza，2015)，如领导风格、薪酬比例、工作氛围等。

人工智能技术以其强大的数据处理能力、学习算法及自动化控制能力，显著提升了组织的生产效率与灵活性。在生产制造领域，智能机器人、自动化生产线及智能物流系统等人工智能技术能够大幅减少人工干预，降低生产成本并提高产品质量与加快交付速度。同时，人工智能技术在供应链管理中的集成应用，如智能预测分析、库存优化可以有效提升组织的响应速度，增强市场竞争力。人工智能技术不仅改变了组织的生产模式，更对组织的经营管理方式产生了深远影响。人工智能技术驱动的数据分析与预测模型为组织提供了更为精准的市场洞察与决策支持，有助于制定科学合理的战略规划与资源配置策略。人工智能技术在客户关系管理中的应用，如智能客服、个性化推荐等显著提升了客户满意度与忠诚度。人工智能技术赋能的人力资源管理，如智能招聘、绩效评估及职业发展路径规划，可以提高人力资源管理的效率与公平性，促进组织内部的人才流动与知识共享。

尽管人工智能技术在组织运作中展现出巨大潜力，但其在员工层面的采纳情况并不理想。大量研究(Brougham 和 Haar，2018；李燕萍和陶娜娜，2022)指出，许多组织引进人工智能技术后，员工对其采纳的意愿不强，甚至存在明显的抵触情绪。之所以出现该现象，主要是由于对新技术的认知不足、对潜在失业风险的担忧以及技能更新带来的压力等。员工对于人工智能技术的陌生感与不确定性，往往导致其在面对新技术时采取保守态度，进而影响技术的有效推广与应用。员工对人工智能技术的抵触情绪，也进一步引发了自身的技术焦虑。此种焦虑不仅影响员工的心理健康与工作效率，还可能阻碍组织的创新与变革进程。

人工智能技术作为一种新型技术，为组织运作带来强大生产动力的同时，也对组织的经营管理模式产生了巨大的冲击。为了充分发挥人工智能技术所带来的益处，组织鼓励员工掌握并应用人工智能技术，以实现持续赋能。但许多组织引进人工智能技术后收效甚微，大量组织处于采纳技术的信息收集阶段，员工对于人工智能技术存在采纳意愿不强，甚至不使用新技术等问题（Brougham 和 Haar，2018；李燕萍和陶娜娜，2022），进而引发技术焦虑。技术焦虑源自计算机焦虑，被定义为由先进技术副作用引起的非理性恐惧或焦虑（Cambre 和 Cook，1985）。在技术焦虑研究中，多数研究考察对计算机的焦虑，缺乏对新技术、特定技术的研究（Khasawneh，2018），因此需要探索技术焦虑对已经产生深刻而广泛影响的人工智能技术持续采纳的影响。根据第七次全国人口普查，60 周岁以上人口占比18.7%，远远高于国际通用老龄化 10% 的标准（唐强，2023；陈志恒和胡桢，2023）。另外，随着渐进式延迟退休政策逐步实施，组织努力探寻保留老龄员工并引导老龄员工发挥优势以适应、使用人工智能等新技术的路径。在学术界，老年学研究领域主张老龄群体继续获取资源以维持自身生活水平和幸福感，并为社会做出贡献（Zacher，2015）。职场中的老龄员工拥有更多工作经验，能够整合自身资源积极塑造工作环境，并为组织创造更多价值（辛迅和刘婷婷，2023），"成功老龄化""职场成功老龄"等也得到了相关研究的广泛关注（彭息强等，2022；王忠军等，2019）。然而，人工智能技术确实冲击着职场环境，老龄员工因其"数字移民"身份特征，在未体验人工智能技术所带来的高效率之前，便陷入了不得不采纳人工智能技术的困境，且有相关研究表明老龄员工技术焦虑与新技术采纳负相关（Xi 等，2022）。但是，面对老龄员工的社会价值及其在职业生涯晚期所取得的成功，技术焦虑一定会阻碍老龄员工的人工智能技术持续采纳吗？两者之间的影响机理又是怎样的？

由此，有必要探索技术焦虑与老龄员工人工智能技术持续采纳两者之间的影响机理，梳理老龄员工对人工智能技术持续采纳的内在逻辑，从而为组织采纳人工智能技术提供方向和建议。

第二节

研 究 目 的 与 研 究 意 义

一、研究目的

习近平总书记强调，"要深入把握新一代人工智能发展的特点，加强人工智能和产业发展融合，为高质量发展提供新动能"①。全球政治经济格局呈现出前所未有的复杂性与不确定性，科技创新成为各国应对复杂局势、实现可持续发展的重要手段。特别是人工智能技术的迅猛发展，不仅推动了信息技术的全面革新，还深刻影响了经济社会的各个领域，成为新一轮科技革命和产业变革的核心驱动力。

随着大数据、云计算、物联网等基础设施的不断完善，以及算法优化、芯片设计、传感器技术等关键技术的不断突破，人工智能技术的性能和应用范围得到了显著提升和扩大。从语音识别、图像识别到自然语言处理，从智能制造、智慧城市到医疗健康，人工智能正在各个领域展现其巨

---

① 关于人工智能，总书记这样强调！[EB/OL]. 求是网，2020-07-10，http：//www.qstheory. cn/zhuanqu/2020-07/10/c_1126220449. htm.

大的潜力和价值。在经济领域，人工智能技术的应用促进了产业升级和新兴产业的崛起。智能制造、智慧城市、智慧金融等产业的快速发展，不仅提高了生产效率和服务质量，还催生了大量新的就业机会。在社会领域，人工智能技术改变了人们的生活方式和社会互动模式。智能家居、智能出行、智能医疗等服务的普及，提高了人们的生活质量和便利性。人工智能技术在"网络战""信息战"等中的应用，对国际社会的网络安全和信息安全构成严重威胁。因此，加强国际合作，共同应对人工智能技术带来的安全风险，是维护国际和平与稳定的重要途径。

在全球局势日益复杂、科技创新快速迭代的发展势头下，人工智能技术作为推动经济社会发展的重要力量，其潜在影响不容忽视。中国应把握历史机遇，充分发挥制度优势和市场潜力，不断提升人工智能技术的核心竞争力。

随着全球社会经济结构的深刻变迁，尤其是近年来我国社会人口结构的转型，一个不容忽视的现象正逐渐显现并引发广泛关注：人口老龄化趋势的加深与新生人口基数的显著下降共同作用于我国经济社会的多个层面。其中最为突出的影响之一便是传统意义上的人口红利逐步淡出历史舞台，而老龄劳动力在整体劳动力市场中的占比则呈现出日益增加的态势。

从人口老龄化的角度看，这一现象是全球性趋势在中国的一个具体体现，但中国的人口老龄化进程又具有其独特性。一方面，随着医疗卫生条件的改善和生活水平的提升，国民平均预期寿命显著延长，老年人口数量急剧增加；另一方面，长期的计划生育政策有效控制了人口过快增长，但同时也加速了人口结构的转变，使得少儿人口比例迅速下降，进一步加剧了老龄化趋势。老龄化不仅意味着劳动力供给的减少，还伴随着劳动生产率的潜在下降，因为随着年龄的增长，劳动者在体力、精力和学习能力等方面可能会面临自然衰减。

与此同时，新生人口基数的下降进一步压缩了未来劳动力的潜在储备。近年来，尽管国家适时调整了生育政策，从"独生子女"到"双独二孩""单独二孩"，再到全面的"二孩政策"，乃至近期的"三孩政策及配套支持措施"，旨在优化人口结构，缓解老龄化压力，但短期内这些政策调整的效果尚不明显，新生人口数量的增长并未出现大幅反弹。这主要是由于现代社会生活成本上升、教育压力增大、职业发展需求与家庭照顾之间的矛盾加剧等多重因素共同作用，使得许多家庭在生育决策上趋于谨慎，影响了生育意愿和生育行为。因此，随着新生人口的减少，我国将面临更为严峻的劳动力供给短缺问题，这对于维持经济增长的持续性和稳定性构成了潜在威胁。

我国正面临着人口老龄化趋势加深与新生人口基数下降的双重挑战，人口红利逐步退出历史舞台，老龄劳动力占比持续扩大。这一变化要求我们必须从国家战略的高度出发，提高人口素质来缓解老龄化压力。

在当下信息化与智能化并进的社会环境中，人工智能技术以其强大的数据处理能力、自动化决策能力以及创新应用前景，成为了推动各行业转型升级、提升组织竞争力的关键力量。为充分捕捉并释放人工智能技术的潜力，众多组织纷纷将人工智能技术的掌握与应用视为员工能力升级的重要一环，致力于通过持续赋能，促使员工紧跟技术发展的步伐，为组织创造更大的价值。这一战略考量不仅关乎组织的长期竞争力，也是应对快速变化的市场环境的关键策略。然而，在实施过程中，一个不可忽视的现实问题是，组织内部员工群体在年龄结构上的差异性，特别是老龄员工与年轻员工在人工智能技术接受度、应用效果及心理反应等方面的显著差异，构成了影响人工智能技术持续采纳效果的复杂因素。老龄员工作为组织中占据相当比重且经验丰富的成员群体，他们见证了从工业革命到信息革命的变迁，是所谓的"数字移民"。与"数字原住民"——年轻员工相比，老龄员工在成长过程中并未伴随着信息技术的快速发展，对人工智能等新兴技术的熟悉程度和应用能力相对较弱。这不仅限制了他们在工作中有效运用人工智能技术的能力，还可能因技术鸿沟的存在而加剧其职场边缘化风险。更为关键的是，老龄员工在面对人工智能技术时，往往会产生一种被称为"技术焦虑"的心理状态。这种焦虑源于对技术快速更迭的恐惧、对技术替代的担忧以及对自身能否适应新技术的不确定感，是多方面因素交织的结果。而老龄员工的技术焦虑是一个值得深入研究的议题，它不仅关乎老龄员工个人的职业发展和技术适应，也直接关系到组织智能化转型的成败。

基于此，本书的目标是全面分析老龄员工技术焦虑对人工智能技术持续采纳的影响，以剖析员工持续采纳人工智能技术的过程和影响因素。为了达成研究目标，本书基于情绪反应、行为反应和个体特质三个概念在情感事件理论中的关系结构以及认知评价理论的相关内容，充分探讨老龄员工技术焦虑对人工智能技术持续采纳影响的过程机理与边界条件。对于老龄员工群体，面对人工智能技术所引发的技术焦虑，是发挥焦虑的负面影响，抵制、抗拒人工智能技术，进而阻碍人工智能技术持续采纳，还是发挥焦虑促进学习行为的正面影响，促进不断学习人工智能技术，实现人工智能技术持续采纳的目标呢？针对上述问题，有必要通过实证手段对其进行验证，以期丰富人工智能技术持续采纳的前因研究，为组织引入人工智能提供建议和指导，进而为企业数字化转型提供意见。

二、研究意义

(一)理论意义

首先，随着数字技术的不断发展与应用，对人工智能技术的研究越来越多，而现有对人工智能技术持续采纳的理论研究仍然较少，因此本书立足于人工智能技术领域，探索人工智能技术持续采纳的边界条件，有助于丰富人工智能在组织行为学领域的研究。

其次，引入技术焦虑、人工智能技术持续采纳、组织信任、ICT自我效能、心理脱离五个变量。本书将研究对象设定为老龄员工群体，将技术焦虑设置为前因变量，将组织信任与 ICT 自我效能设定为中介变量，将人工智能技术持续采纳设定为结果变量，同时将心理脱离设定为调节变量，搭建了一个有调节的双中介模型，以此丰富了研究模型。通过研究各个变量间的相互关系，丰富了老龄员工技术焦虑对人工智能技术持续采纳的影响机制研究。

最后，丰富了技术采纳领域的理论基础。以往学者对技术采纳的研究，主要基于的理论有营销学领域的 Oliver（1980）提出的期望确认理论（Expectation Confirmation Theory，ECT）、Bhattacherjee（2001）基于技术接受模型（Technology Acceptance Model，TAM）与期望确认理论提出的信息系统持续使用模型（Information System Continuance Model）、Delone 和 Mclean（1992）提出的 D&M 信息系统成功模型（Information System Success Model）。本书引入情感事件理论，通过工作事件—情感反应—工作态度—判断驱动行为逻辑线路，探讨人工智能技术持续采纳的前因研究。

(二) 实践意义

第一，本书有助于组织引入人工智能技术。面对新时代的发展，又好又快地引进人工智能技术成为各行各业努力探索并实践的目标，但是许多组织并没有发挥人工智能技术的优势，使得组织内部人员关系紧张，影响工作绩效，甚至影响工作目标的实现。因此，本书深入研究人工智能技术持续采纳的前因，并通过建立双路径模型，探索实现人工智能技术持续采纳的路径和方法。

第二，本书有助于组织重视老龄员工的作用。随着老龄化程度不断加深，老龄人口占据着相当大的比重，而组织中不可避免地存在着老龄员工，因此探索老龄员工的发展成为一个显著的问题。本书立足于人口老龄化背景，探索老龄员工在组织中的技术采纳行为，有助于让组织重视老龄员工在组织中的重要作用，为组织合理对待老龄员工提供建议。

第三节
研究内容与研究方法

一、研究内容

本书旨在探究老龄员工技术焦虑对人工智能技术持续采纳的影响，考虑到老龄员工的认知评价会影响人工智能技术的持续采纳，因此本书基于组织判断、自我态度两条路径深入探究老龄员工技术焦虑对人工智能技术持续采纳的影响。具体内容为：通过调查问卷的形式获得有关老龄员工的研究数据材料，在问卷信度与效度合理有效的基础上，运用结构方程模型等方法验证并明确老龄员工技术焦虑对人工智能技术持续采纳的影响。

笔者基于本书的研究逻辑，将本书的内容分为以下六章：

第一章，绪论。本章主要分析当前的经济背景与组织实践，首先先阐述了人工智能技术的发展背景以及采纳人工智能技术所面临的问题；其次介绍由此产生的技术焦虑以及人口老龄化研究领域的国内外研究现状，进而将本书研究对象锁定为老龄员工；再次陈述本书所涉及的研究方法；最后对本书的创新之处进行探讨。

第二章，理论基础与文献综述。本章梳理了所涉及的认知评价理论、情感事件理论的诞生、发展及核心观点，以及本书应用上述理论的原因；整理了人工智能技术、技术焦虑、组织信任、ICT 自我效能、心理脱离的概念以及国内外研究现状，在此基础上对梳理的内容进行分析，点明本书研究的切入点。

第三章，研究模型与研究假设。本章首先在理论回顾和文献综述的基础上，推导出老龄员工技术焦虑、人工智能技术持续采纳、组织信任、ICT 自我效能、心理脱离的内在逻辑关系；其次提出本书所关注内容的研究假设，搭建适合本书的理论研究模型。

第四章，研究设计与数据收集。本章主要是对问卷设计、数据收集进行说明，具体来说，明确问卷设计原则、问卷设计步骤，在文献回顾的基础上，指出本书所使用量表的内容，对问卷调查收集数据的来源、调查对象特征进行陈述。

第五章，数据分析与假设检验。本章首先进行信度分析、验证性因子分析、共同方法偏差检验；其次通过适合的统计分析软件对问卷数据进行分析；最后对主效应、中介效应/遮掩效应、调节效应、有调节的中介效应进行检验。

第六章，研究结论与展望。本章首先陈述了本书的研究结果，进一步讨论了呈现此结果的原因和内在逻辑；其次提出了对应实践问题的对策及建议；最后提出了本书存在的不足之处，并为未来的相关研究提供方向指引。

二、研究方法

(1)文献计量法。为了全面、清晰地了解国内外关于人工智能技术、技术焦虑的研究状况，本书运用 CiteSpace 6.2.R4 文献计量软件对两大权威数据库——Web of Science 核心集和中国知网(CNKI)中的相关文献进行深入的挖掘与整理。Web of Science 核心集作为全球最大的学术文献数据库之一，涵盖了众多学科领域的顶级期刊和会议论文，能够为本书提供丰富的国际研究视角；而中国知网(CNKI)作为国内重要的中文文献数据库，则能够确保本书尽可能全面地获取国内关于人工智能技术与技术焦虑的研究成果。通过对这两个数据库的联合使用，旨在实现对国内外研究状况的对比分析，以获得更为全面和深入的洞察。在文献梳理阶段，共现分析（Co-occurrence Analysis）将被作为本书的核心方法之一，通过分析文献中关键词、作者、机构等元素的共同出现情况，来揭示它们之间的内在联系和演化规律。在本书中，我们将利用 CiteSpace 6.2. R4 软件对选取的文献进行关键词共现分析，以期深入了解人工智能技术和技术焦虑两个研究领域的研究热点及其演化进程。同时，通过分析关键词之间的关联强度，我们还可以揭示出不同研究热点之间的内在联系和潜在的研究趋势。

（2）问卷调查法。在问卷设计环节，本书选取了国内外人工智能技术、技术焦虑等领域中较为成熟且经典的量表。这些量表经过长时间的应用与验证，已被证明具有良好的信度和效度，能够准确反映研究对象的心理特征和行为倾向。为确保问卷内容既符合本书的研究情境，又具备高度的科学性和实用性，本书在已选取的成熟量表中，再次进行了严格的筛选与比对，最终选取了更具时效性及文化适应性的成熟量表，以形成本书专用的调查问卷。在问卷设计阶段，本书重点修正了问题的表述方式，力求语言清晰、准确，避免歧义和误导，以确保收集到的数据真实、可靠。同时，为了提高问卷的回收率和有效性，本书还对问卷的长度、格式以及调查方式进行了精心规划，力求在保障数据质量的同时，提高受访者的参与度和满意度。在数据收集阶段，本书充分利用问卷星线上平台的便捷性和高效性，通过社交媒体等多种渠道，向调研对象发放了电子问卷。

（3）实证分析方法。本书主要运用 SPSS 25 和 Mplus 统计软件，对收集到的问卷数据进行了全面的分析和处理。本书中的描述性统计用于初步揭示数据的基本特征和分布情况，通过计算均值、标准差、最小值、最大值等统计量，描绘了人工智能技术持续采纳与技术焦虑两个核心变量的整体轮廓，为后续深入分析奠定了基础。本书利用 SPSS 25 对问卷数据进行了信度分析。信度分析是评估问卷测量结果稳定性和一致性的重要手段，本书通过计算 Cronbach's alpha 系数，检验了问卷中各量表内部项目间的一致性，确保了数据质量的高标准和稳定性。本书还借助 Mplus 进行了验证性因子分析（CFA），用于检验问卷中理论构念的结构效度，检验了主效应、中介效应、调节效应以及有调节的中介效应，通过比较实际数据与预设模型之间的拟合度，确保了研究变量结构的有效性。此外，共同方法偏差检验有助于识别并减少因同源数据而产生的系统误差，本书采用 Harman 单因素检验法，验证了数据在统计上是否存在显著的共同方法偏差。通过各种统计软件，将本书中具体的验证过程细致地展现出来，增添了本书研究的科学性。

第四节

研究创新点

首先，本书将情感事件理论引入技术采纳领域，拓展了技术采纳议题研究的理论基础。以往对个体层面技术采纳的讨论多数采用计划行为理论（Ajzen，1991）、技术接受模型（Davis，1985）等。现有研究对计划行为理论的运用集中于传统互联网中较为成熟的电子商务、健康医疗系统和服务领域。该理论在其他类型的采纳行为研究中运用得较少，如云计算、人工智能技术等，同时较少深入到用户的实际行为和持续采纳行为（张一涵和袁勤俭，2019）。而本书使用情感事件理论讨论人工智能技术这一新技术，且剖析其持续采纳行为，在一定程度上弥补了计划行为理论在技术采纳领域应用的缺失。技术接受模型是预测和解释用户对信息技术采纳和使用行为的常用模型（李晓科，2021），但该模型缺少对情绪、习惯、性格差异和技术变化等因素的考察（Marangunić 和 Granić，2015）。本书基于情感事件理论，在研究模型中纳入了技术焦虑，增加了对情绪变量的探索，补充了技术接受模型对技术采纳议题研究的不足。综上所述，本书以情感事件理论为基础，采用情感事件理论中的"判断—驱动—行为"框架，将人工智能技术持续采纳作为工作事件，厘清了影响人工智能技术持续采纳的边界条件，拓展了情感事件理论的应用范围。

其次，丰富了人工智能技术持续采纳的前因变量研究。已有研究更多地关注人工智能技术采纳（Davis，1985；Eveland 和 Tornatzky，1990），认为人工智能技术采纳主要受其采纳意向的积极影响（Chatterjee 和 Bhatacherjee，2020），并认为人工智能技术能给工作带来益处（绩效期望、感知有用性、效率预期）和便利条件（感知行为控制）等（Chen 等，2020），但对人工智能技术持续采纳的关注略显匮乏（李燕萍和陶娜娜，2022）。现有少量研究发现，个体因素中使用人工智能技术后的满意度为其前因变量，如感知有用性、感知易用性、信息质量、服务质量以及感知享受均会积极影响个体使用人工智能技术的满意度，进而影响人工智能技术持续采纳（Ashfaq 等，2020）。本书将老龄员工技术焦虑作为人工智能技术持续采纳的前因变量进行讨论，为人工智能技术持续采纳影响因素提供了一个新的解释。此外，本书从人工智能技术持续采纳的视角回应了学者对区分初次采纳与持续采纳两阶段的呼吁（李燕萍和陶娜娜，2022），证明了技术焦虑能够影响人工智能技术采纳的第二阶段，即持续采纳阶段。

再次，将技术焦虑置于人工智能技术持续采纳情境下，以老龄员工为特定研究对象，并佐证了技术焦虑也有正向功效。已有关于技术焦虑的研究以数字技术为主，如数字技术焦虑与老年群体信息技术使用（袁顺佳，2024）、数字技术焦虑与虚拟组织异议（Rahmani 等，2023），而数字技术中的人工智能技术较少得到深入探讨。而且对数字技术焦虑的分析无法完全代替对人工智能技术焦虑的研究，对于实践问题的解答也缺少精准性。因此，本书将技术焦虑置于人工智能技术持续采纳情境，以得到更为精细化的研究结论。此外，虽然技术焦虑具有普遍性，但不同群体的技术焦虑必然无法处于同一水平（袁顺佳等，2024）。第 52 次《中国互联网络发展状况统计报告》显示，老年群体采纳新技术的速度相比年轻群体较慢（Yap 等，2022；Czaja 等，2006），其技术焦虑往往高于年轻群体。本书响应管理实践，在人口老龄化大背景下，讨论职场中的老龄群体技术焦虑问题，有效丰富了技术焦虑的研究结论。另外，关于技术焦虑的研究，一些学者主要认为其给组织带来了诸多负面影响（袁顺佳等，2024），而另一些学者则认为焦虑也有正面影响，如焦虑能够对语言学习（Piniel 和 Csizér，2013）、知识共享行为（黄丽满等，2020）产生积极影响。本书验证了技术焦虑的正向功能，在一定程度上佐证了技术焦虑具有正向作用的已有相关研究结论。

最后，揭示了组织信任与 ICT 自我效能的遮掩效应。关于组织信任及 ICT 自我效能的已有研究均将两者作为单中介变量。对组织信任的研究，如其在组织公平与组织公民行为之间的中介作用（迟景明等，2021）等；而对 ICT 自我效能的研究常用于探究技术采纳，如探究社区智能设备使用接纳度（费硕等，2023）、学生计算机与信息素养（Hatlevik 等，2018）、智慧城市中在线公民参与的影响因素（Deng 和 Fei，2023）等。本书以组织信任、ICT 自我效能为基础构建了双中介模型，发现组织信任与 ICT 自我效能的间接作用会遮掩部分技术焦虑与人工智能技术持续采纳的主效应，遮掩效应的存在也彰显了两条路径的复杂性，即老龄员工技术焦虑、组织信任与 ICT 自我效能均对人工智能技术持续采纳具有正向影响，但老龄员工技术焦虑对组织信任与 ICT 自我效能却为负向影响，这意味着老龄员工技术焦虑会削弱组织信任与 ICT 自我效能对人工智能技术持续采纳的正向影响，而遮掩效应的发现也为技术焦虑与人工智能技术持续采纳之间的关系提供了一个更为合理的解释。

理论基础与文献综述

Chapter two

第一节

理 论 基 础

一、认知评价理论

1960 年，阿诺德（Arnold）提出了情绪评价学说，指出知觉和认知是刺激事件与发生情绪反应之间必需的中间物（Arnold，1960）。理查德·拉扎勒斯（Richard Lazarus）最早提出认知评价的重要性，在阿诺德的情绪评价理论的基础上发展了认知评价理论，从环境、认知和行为方面阐述了认知对情绪的影响，他认为环境刺激和情绪反应之间存在认知评价，并据此建立了最具影响力的认知理论框架。该理论认为，情绪是综合性反应，包括环境的、生理的、认知的和行为的成分，每一种情绪都有其独特的反应模式。同时，他强调人与所处具体环境的利害关系的性质决定了他的具体情绪；同一种环境对不同的人可能产生不同的情绪结果，这是因为情绪对不同的人具有不同的意义，而各类意义是由不同人的认知评价来解释的（Lazarus，1966、1991）。

认知评价理论最核心的概念是评价（Appraisal）和应对（Coping）。

评价是指个体在环境中不断探索蕴含的信息与威胁，然后针对探索到的对他们有直接或间接意义的事件进行反复、多次评估的过程。Lazarus（1984）认为，评价是一项复杂的认知活动，而不是阿诺德所描述的迅速而直觉性的过程。拉扎勒斯将评价分为初次评价（Primary Appraisal）和二次评价（Secondary Appraisal）。初次评价有三种类型：无关的（Irelevant）、有益—积极的（Benigh-positive）和压力—紧张的（Stressful）。当刺激被评价为与个体利害无关时，评价立即结束；当被评价为有益—积极时，能够维持和提升个人的幸福愉悦感，通常伴随着舒畅、安宁等正面情绪感受；当被评价为压力—紧张时，则与有益—积极评价相反。二次评价是初次评价的承接，是指个体对其应对潜能和应对方案的评价。二次评价是一个反复而复杂的评价过程，个体需要调动个人资源，尽可能结合应对的各个方面进行综合考虑，这一过程主要涉及个体能否控制刺激事件，以及对刺激事件控制的程度（Lazarus，1984）。

当某种情境被评价为威胁、挑战时，个人所采取的行为措施即为"应对"，是个体为了管理压力源而做出的认知或行为上的努力。调动个人资源的行为措施既包括降低、回避、忍受、接受、忽视这些压力源，也包括试图对环境进行控制（Lazarus，1984）。在应对压力源时，个人会不断调整应对的方式和方法，同时，应对方式并非固定，而是会受到压力情境、评价方式、个体差异等多种因素的影响。

根据认知评价理论的内容以及相关实证研究，本书将结合"评价"（初评价、再评价）以及"应对"等逻辑关系探讨老龄员工技术焦虑与人工智能技术持续采纳之间的深层关系。人工智能技术持续采纳是发生在工作场所中的一个事件，员工结合已知信息对其进行评估，判断该事件是无关的、有益的还是紧张的，然后根据判定结果采取相应的措施进行应对。

二、情感事件理论

1966年，霍华德·M. 韦斯（Howard M. Weiss）和罗素·克朗潘泽诺

（Russell Cropanzano）基于工作满意度研究，认为员工情绪直接受到工作事件的影响，提出了关于组织成员在工作场所中因工作事件而产生情感反应，因此导致个体态度和行为等方面发生变化的理论，即情感事件理论（Affective Events Theory）（Weiss 和 Cropanzano，1996）。情感事件理论宏观结构如图 2.1 所示。

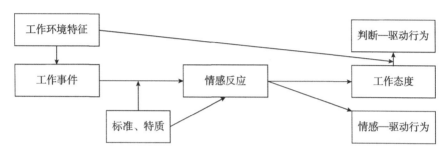

图 2.1　情感事件理论宏观结构

资料来源：Weiss H，Cropanzano R. Affective Events Theory：A Theoretical Discussion of The Structure，Cause and Consequences of Affective Experiences at Work［J］. Research in Organizational Behavior，1996，18（3）：1-74.

（一）工作环境特征与工作事件

该理论认为，发生的工作事件是个体产生情感反应的直接原因，认为工作环境特征是通过工作事件来影响个体情感体验的。该理论指出，工作环境特征对工作满意度及工作态度的影响路径可分为非情感路径与情感路径。非情感路径即个体通过将工作环境特征与标准进行比较，从较为客观的角度形成对工作的评价；情感路径是依据情感反应而较为主观的路径，即工作环境特征通过影响特定的工作事件（如与同事发生冲突），进而引发各种情感反应，最终影响工作态度。情感事件理论则将工作中发生的事件视为情感反应的直接原因，进而将工作事件分为两类：一类是麻烦（Hassles）或负面事件，其妨碍工作目标的实现并与消极情感相关；另一类是令人振奋的事件(Uplifts)，与积极情感相关(Weiss 和 Cropanzano，1996)。

(二)情感反应

情感反应是情感事件理论的核心。情感事件理论指出，由工作事件促发的情感是多种以及多变的，主要包括两个成分：心境(mood)和情绪(e-motion)。心境是指强度较低但持续时间较长的情感；情绪是指强度较高但持续时间较短的情感。一般而言，情绪与具体工作事件具有更高的关联度。情感反应产生的原因和必要前提是认知评价。对工作事件的认知评价决定了情感反应。认知评价可以进一步分为初次评价(primary appraisal)和二次评价(secondary appraisal)。初次评价阶段只是确认该工作事件是否与自身利害相关以及相关程度，二次评价则赋予工作事件更多意义分析，情感反应即产生于二次评价阶段(Weiss 和 Cropanzano，1996)。

(三)情感—驱动行为与判断—驱动行为

情感事件理论将工作行为分为情感—驱动行为与判断—驱动行为。情感—驱动行为指的是直接受到情感反应影响的工作行为，该行为会直接对工作绩效产生影响，通常持续时间相对较短且不断变化。而判断—驱动行为则涉及满意度—绩效关系，一般产生于对工作进行整体性判断之后，该行为受到工作满意度的影响，持续时间会更长且变化相对较小(Weiss 和 Cropanzano，1996)。

根据笔者对情感事件理论的理解以及对大量实证研究的研读，本书也将使用该理论中的"工作事件—情感反应—工作态度—判断驱动行为"链条来对老龄员工技术焦虑对人工智能技术持续采纳的作用机制进行阐述。结合情感事件理论，老龄员工人工智能技术持续采纳可被视为一种工作事件，老龄员工对人工智能技术持续采纳的焦虑情绪可被视为对应的情感反应。老龄员工根据对组织的判断以及自身态度对人工智能技术持续采纳这一情感事件做出整体性判断，并做出是否持续采纳人工智能技术的决定。因此，本书构建了老龄员工技术焦虑对人工智能技术持续采纳作用机制的双重路径。

在组织判断方面，当老龄员工产生技术焦虑后，基于对组织的信任程度进行评判。如果组织信任水平较高，老龄员工倾向于认为人工智能技术持续采纳能帮助组织提升绩效，这将有助于人工智能技术持续采纳。

在自身态度方面，老龄员工基于自身对人工智能技术的接受度进行判断，若自我效能过低，则认为自身接受并利用人工智能技术存在困难，因而不利于人工智能技术持续采纳。

此外，依据情感事件理论，个体的特征不同，对同一工作情感事件的情绪反应也会存在明显不同。当老龄员工心理脱离水平较高时，能够在非工作时间脱离出来，避免身心耗竭，有助于老龄员工缓解技术焦虑，进而促进人工智能技术持续采纳。当老龄员工心理脱离水平较低时，在工作中消耗的个人资源得不到补充，致使情绪耗竭，则会影响其工作状态与工作绩效。

综上所述，本书基于情绪反应、行为反应和个体特质三个概念在情感事件理论中的关系结构，探讨老龄员工技术焦虑对人工智能技术持续采纳影响的过程机理与边界条件，以期丰富人工智能技术持续采纳前因变量研究，并为组织持续采纳人工智能技术及数字化转型建言。

第二节

文 献 综 述

本书的核心研究变量为自变量——技术焦虑与因变量——人工智能技术持续采纳，因而文献综述部分着重于对核心变量的梳理，并用 CiteSpace

软件分别对两者进行文献整理。其余变量按照一般逻辑进行文献综述处理。

一、人工智能技术持续采纳

（一）人工智能技术持续采纳的内涵

1. 人工智能

"人工智能"一词最早由 McCarthy 于 1956 年在达特茅斯会议中提出并定义，被描述为制造智能技术，尤其是制造智能计算机程序的科学和工程。1956~1970 年，人工智能迅速发展，人工智能程序和新的研究方向出现，包括推理搜索的算法研究、自然语言处理、微世界研究等，首台人工智能机器人 Shakey 问世；20 世纪 70 年代，人工智能发展遭遇挫折。当时计算机运算能力有限，仅具有逻辑推理能力，远远不能实现人工智能，在博弈、定理证明、问题求解、机器翻译、神经生理学等方面出现各种类型的问题与麻烦，因而众多组织机构削减研究经费，甚至退出人工智能方面的研究；20 世纪 70 年代后，专家系统的问世改变了人工智能被称为研究玩具的尴尬局面，迎来了 1980~1987 年的繁荣期；1987~1993 年，随着个人计算机市场的更新换代，作为人工智能发展硬件的 LISP 电脑破灭，加上专家系统应用的局限性，人工智能发展又一次陷入低谷；20 世纪 90 年代，计算机处理速度越来越快，人工智能随之展现出优越性，以深蓝、浪潮天梭、沃森、AlphaGo 为代表的四次人机大战彰显出人工智能在新时代的发展速度。作为推动时代发展的新兴战略技术，人工智能技术成为组织发展、科学进步的重要动力（Gil 等，2014）。

当前学术界对人工智能的定义尚未统一，2018 年欧盟委员会将人工智能定义为"通过分析环境并采取行动来表现智能行为的系统，具有一定的自主性"。从基层技术出发，学者将人工智能定义为可以使计算机使用逻辑、假设规则、机器学习等来模拟人类智能的任何技术（Ostrom 等，2019）。有学者从人工智能的功能出发，认为人工智能是使用计算机"执行通常需要人类智能的任务，如视觉感知、语音识别、决策和语言之间的翻译"（Larson 和 DeChurch，2020）。国内学者认为应从底层技术及其功能的角度理解人工智能，将其定义为能正确解释外部数据、从中学习并灵活运用习得内容来实现特定目标和任务的技术（李燕萍和陶娜娜，2022）。

2. 人工智能技术持续采纳

本书研究的人工智能技术持续采纳是个体阶段的持续采纳行为，源自技术采纳，是根据李燕萍和陶娜娜（2022）的界定，按照技术采纳阶段与技术采纳主体来界定人工智能技术采纳的内涵。从组织层面看，人工智能技术采纳是指组织意识到人工智能技术的优势并开始获得资源。从个体层面看，人工智能技术采纳分为初次采纳和采纳后两阶段：初次采纳是指个体首次接受或使用人工智能技术，包括采纳、适应、接受等行为意向或实际行为，即在组织引入人工智能技术后交由员工使用时，员工的初次使用意愿和行为；采纳后是指初次采纳后的持续、常规化、灌输、同化等一系列行为。

（二）人工智能技术持续采纳的测量

Davis（1989）为预测用户对计算机的接受程度，针对感知易用性和感知有用性两个特定变量开发了六项目 12 题项量表；Bhattacherjee（2001）在研究信息系统持续使用意向时，开发了 3 题项量表以测量个体持续采纳意愿；Venkatesh 等（2012）基于技术接受与使用的统一理论的扩展模型，在对消费者情境下的技术接受与使用进行研究时，开发了行为意图维度的 3 题项量表；Cheng 等（2023）借鉴前人的研究，改编设计了组织层次人工智能采纳的 3 题项量表。学界常用 Bhattacherjee 的 3 题项量表测量个体持续采纳意愿，用 Davis、Venkatesh 等的量表测量个体技术采纳意愿，具体内容如表 2.1 所示。

表 2.1　人工智能采纳测量量表汇总

来源	变量	题项
Davis(1989)	个体技术采纳意愿	12 题项
Venkatesh 等(2012)	个体持续技术采纳意愿	3 题项
Bhattacherjee(2001)		3 题项
Cheng 等(2023)	组织层次人工智能采纳	3 题项

(三)人工智能技术持续采纳的研究梳理

"人工智能"概念正式诞生于 1956 年，发展至今已有 60 多年，但直到 2006 年 Hinton 提出"深度学习"这一概念后，人工智能才逐渐热门起来；AlphaGo 在 2016 年、2017 年先后战胜李世石、柯洁两大世界级围棋选手，让"人工智能"概念再次成为热门；2022 年 11 月 30 日，ChatGPT 正式发布，再次掀起人们对人工智能的热情。本书扎根于人工智能领域，在纵向研究部分以"人工智能技术"这一主题进行文献检索。

本书通过文献计量与传统文献回顾相结合的方式，在严谨检索、文献筛选及可视化分析的基础上，使用 CiteSpace6.2.R2 文献计量分析软件，对人工智能技术相关研究进行收集和整理。根据布拉德福定律，核心期刊集中了学科研究领域的核心文献。

本书的外文文献研究数据来源于美国科技信息所(Institute for Scientific Information, ISI)推出的 Web of Science 核心集数据库。检索在主题中含有"AI/Artificial intelligence+technology acceptance/technology adoption/technology application/continuous"的文献，文献类型设定为"article"，语种设定为"English"。检索式为((AB=(("AI"or"Artificial intelligence")and("technology acceptance"or"technology adoption"or"technology application"or"continuous")))AND DT=(Article))AND LA=(English)，检索时间为"2000. 01. 01－2023. 09. 12"。共检索到文献 2615 篇。先后按照相关度、被引高频次、使用高频次排序，选择前 1000 条文献，然后进行除重操作，共得到文献 1871 篇。

本书中文文献以中国知网(CNKI)数据库中的北大核心、CSSCI 文章作为文献检索来源。在中国知网首页中选择高级检索，在检索主题中输入"人工智能+技术接受/技术采纳/技术应用/持续/运用"作为主题词，共检索出 1574 篇相关文献。为确保研究的精确性，笔者人工剔除新闻报道、新闻采访等非研究型文献以及与人工智能技术无关的文献，同时通过阅读每篇文章的摘要、关键词和结论，判断此文献主题是否符合"人工智能技术"这一主题，剔除引用人工智能作为背景描述的非紧密关联文献，最终筛选出北大核心和 CSSCI 来源文献 645 篇。

1. 文献量时序分布分析

发文量的变化是衡量某一学科在特定时间范围内发展态势的重要指标，可以直观地反映出研究热度在特定时间段内的变化，对于分析发展动态、预测未来趋势具有重要意义。本书对 20 年来人工智能技术相关研究进行考察，通过分析历年核心集文献、北大核心和 CSSCI 论文数量，得到 2000~2023 年发文量及累计发文量，具体情况如图 2.2、图 2.3 所示。

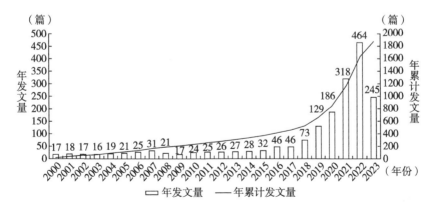

图 2.2　2000~2023 年 Web of Science 年度发文量

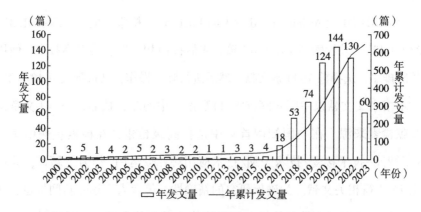

图 2.3　2000～2023 年中国知网年度发文量

如图 2.2 所示，国外关于人工智能技术的研究总体呈现上升的趋势，说明关于人工智能技术的研究不断增加，研究体系构建稳步推进。根据图 2.2 可以将人工智能相关研究分为萌芽起步阶段、缓步增长阶段、井喷发展阶段。

（1）萌芽进步阶段（2000～2006 年）。国外关于人工智能技术的研究萌芽较早，但 2006 年前，总体发文量较低，呈现波动增长态势，年际差异小。

（2）缓步增长阶段（2006～2017 年）。该阶段以 2006 年 Hinton 提出深度学习为划分标志，人工智能技术领域内出现了小幅度的发文量增长，但是势头持续较短，甚至出现下降的苗头，笔者推测这可能与 2008 年经济危机有关，2010～2017 年恢复了逐渐增长的势头。

（3）井喷发展阶段（2017 年至今）。该阶段增长幅度远超前一阶段，2022 年达到最高峰（464 篇），表明国外大量学者正在钻研人工智能技术。

如图 2.3 所示，人工智能技术相关研究在 2000～2023 年呈现总体上升态势。人工智能技术相关研究可以分为平稳增长期、快速增长期两个发展阶段。

（1）平稳增长期（2000～2016 年）。该阶段发文量处于低迷期，发文量较少且呈现小幅度波动增长，年际差异较小。

（2）快速增长期（2017～2023 年 9 月）。该阶段发文量的增幅明显高于第一个阶段，2021 年达到最高峰，为 144 篇。近年来，发文量正处于"井喷"时期，表明人工智能技术相关研究受到学者的广泛关注。

在时序分布图中，国内外相同的阶段分隔点是 2017 年。这一时期前后，人工智能技术所驱动的 AlphaGo 在 2016 年、2017 年先后战胜李世石、柯洁两大世界级围棋选手，人工智能技术的发展举世瞩目，与此同时，中国在 2016 年提出"人工智能 2.0"建议，因此该时间点后的文献数量呈现"井喷"式上升趋势。随着 2022 年 11 月 ChatGPT 横空出世，人工智能技术热度居高不下，2024 年相关研究到达一个新的高度。

2. 作者合作分析

通过作者合作分析能够识别出某领域的核心作者及作者之间的合作关系与合作强度。发文的数量以节点大小形式呈现，作者之间合作情况以连线呈现，发文时间的早晚以颜色的深浅形式呈现。本书运用 CiteSpace 软件，在参数设置过程中，时间划分设置为 2000—2023，Year Per Slice 设置为 1，节点类型选择合作作者，得到作者合作网络图谱，本书展示发文量大于等于 2 的作者，如图 2.4、图 2.5 所示。从国际作者合作 CiteSpace 分析结果来看，图谱共有 1025 个节点、1627 条连线，网络密度为 0.0031，网络密度处于较低水平。这说明目前从事人工智能相关研究的国际学者较多，但整体上比较分散，不同学者之间的学术联系较弱，未能形成较强的科研群体。从国内作者合作 CiteSpace 分析结果来看，图谱共有 273 个节点、135 条连线，网络密度为 0.0036，节点间的连线较少，网络密度处于较低水平。这说明目前从事人工智能相关研究的国内学者整体上比较分散，未能形成较强的科研群体。

为了发掘人工智能技术相关领域的中坚力量，依据相关研究论文的作者分布情况，本书统计出发文量大于等于 3 的高产作者。如表 2.2、表 2.3 所示，国际上在人工智能技术领域共有 15 位高产作者，国内在该领域有 9 位高产作者。

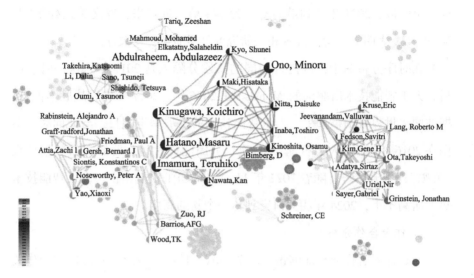

图 2.4　国际作者合作网络

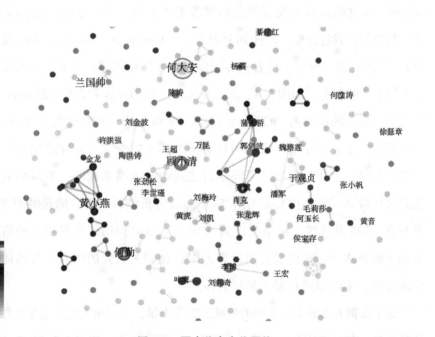

图 2.5　国内作者合作网络

表 2.2　2000～2023 年国际人工智能相关领域的高产作者

作者	发文量	作者	发文量
Hatano Masaru	5	Nitta Daisuke	3
Busch D C	4	Kinoshita Osamu	3
Imamura Teruhiko	4	Nawata Kan	3
Kinugawa Koichiro	4	Song Byung Cheol	3
Ono Minoru	4	Choi Dong Yoon	3
Abdulraheem Abdulazeez	4	Liu Zhe	3
Dwivedi Yogesh K	4	Chen Wei	3
Ellersieck M R	3		

表 2.3　2000～2023 年国内人工智能相关领域的高产作者

作者	发文量	作者	发文量
何大安	15	兰国帅	3
顾小清	7	张龙辉	3
何勤	6	李博	3
于观贞	4	肖克	3
乔骥	3		

3. 作者共被引分析

分析国外现有研究中关注度或被引用率高的作者及其代表作，有利于梳理影响学科发展、理论推进的关键节点和重要研究贡献。本书基于 Web of Science 文献数据，在 CiteSpace 中将网络节点设置为被引文献，得到文献共被引网络图谱，如图 2.6 所示。图中每个节点代表一位被引作者，节点越大表明作者的被引频次越高，圆圈与圆圈之间的线段是指作者之间所具有的关系，即共被引关系。

如图 2.6 所示，共被引次数大于等于 40 的共被引作者有 16 位，结合表 2.4 可知，影响力排前两名的作者分别是戴维斯（Davis F D）、文卡特什（Venkatesh V）。在研究个体人工智能技术采纳时，学者常用 Davis（1989）、Venkatesh 等（2012）开发的 3 条目量表测量个体的技术采纳意愿。从技术采纳主体视角来看，研究者从个人和组织两方面探讨技术采纳，这两位学者均从个人层面进行研究。

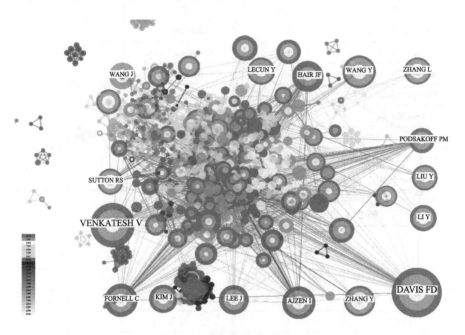

图 2.6 国际作者共被引分析

表 2.4 国际上共被引频次大于等于 40 的作者

被引频次	中心度	共被引作者	被引频次	中心度	共被引作者
144	0.09	Davis F D	47	0.01	Kim J
121	0.05	Venkatesh V	46	0.01	Lecun Y
66	0.01	Wang Y	43	0.01	Zhang L
64	0.02	Fornell C	43	0.04	Wang J
64	0.07	Ajzen I	42	0	Li Y
59	0.01	Zhang Y	41	0.01	Liu Y
57	0.07	Hair J F	41	0.03	Sutton R S
53	0.04	Lee J	40	0.01	Podsakoff P M

1989 年 Davis 提出技术接受模型（TAM），并基于 TAM 等理论探讨个人对人工智能技术采纳的意愿和行为，指出感知有用性、感知易用性影响技术使用态度，进而影响行为意向和使用行为，感知易用性也可通过感知有

用性影响行为意向和使用行为，扩展了理性行动理论（TRA），专门为解释计算机使用行为而设计，后可用于其他技术。

2000 年，Venkatesh 与 Davis 提出 TAM2，在 TAM 基础上指出，影响感知有用性的因素有主观规范、形象、工作相关性、结果可证明性、输出质量，主观规范可直接影响行为意向，纳入了经验、使用自愿性两个调节变量，扩展了 TAM，考虑了调节因素，从社会形象和认知工具的角度解释了感知有用性和使用意向。

2003 年，Venkatesh 等构建了技术接受和使用统一理论（UTAUT），提出绩效预期、努力预期、社会影响、便利条件通过行为意向影响行为，便利条件可以直接影响行为，考虑了性别、年龄、经验、自愿使用的调节作用，该模型整合了八个技术接受模型，基于组织实施新技术的情境建立，影响因素有明显功利主义特征。

2008 年，Venkatesh 和 Bala 在 TAM2 的基础上指出，影响感知易用性的因素有计算机自我效能、感知外部控制、计算机焦虑、计算机游戏性、感知享受、客观可用性，区分了影响感知易用性和感知有用性的不同因素，且认为不存在同时影响两者的因素。

综上所述，国外学者对人工智能技术做出了卓越贡献，为后续研究奠定了一定的理论基础和研究框架。

4. 机构合作分析

对主要国家和研究机构的分析有助于挖掘研究中值得重点关注的国家、机构和相关科研人员之间的合作关系，推动研究的深入发展。本书考察不同机构之间的合作情况，借助 CiteSpace 6.2R2 的机构合作分析功能，基本设置与作者分析相同，节点类型选择机构，运行后得到机构合作网络图谱，如图 2.7、图 2.8 所示。

通过国际文献分析发现，图谱中共有 553 个节点、680 条连线，网络密度为 0.0045，说明国际上该领域不同发文机构间联系较少，少量合作也

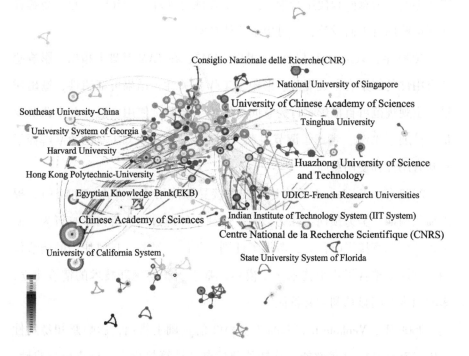

图 2.7　国际机构合作分析

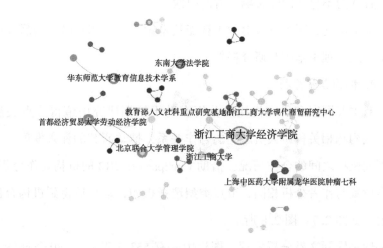

图 2.8　国内机构合作分析

呈现明显的地域性，不同研究主体之间关于人工智能相关领域的合作较欠缺。通过国内文献分析发现，图谱中共有 259 个节点、91 条连线，网络密度为 0.0027，说明我国该领域不同发文机构间联系较少，不同高校与科研院所之间关于人工智能相关领域的合作有待进一步加强。

为了更清晰地挖掘研究中值得关注的国家、机构，本书借助 Scimago Graphica 软件进行合作地理可视化操作。Scimago Graphica 软件可以清晰显示出各个国家的发文数量、合作关系，如图 2.9 所示。其中，cluster 圆圈越大表明该国家的发文量越多，相同的颜色聚类表明国家地区间存在合作关系，两国间连线越粗表明双方合作次数越多，地区上冷暖色代表着网络稠密程度，冷色表明网络稀疏，合作数量较少，暖色表明网络稠密，合作数量较多。由此可见，人工智能技术领域跨国合作密集的区域在环太平洋区域；从发文量来看，人工智能技术领域相关研究以北美、东亚为主。

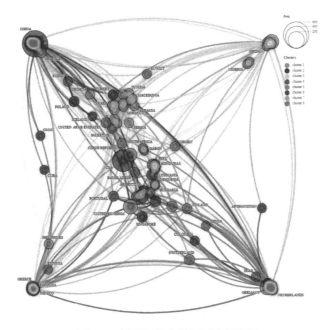

图 2.9 国际机构合作可视化示意图

5. 关键词共现分析

关键词是用来表达文章中的研究主题和中心概念的重要载体，而关键词的出现频次是表现某一主题研究热度的重要指标。通过对高频关键词进行分析，可以把握某领域的研究热点。因此，本书借助 CiteSpace 软件对相关文献进行关键词共现网络分析，节点类型选择关键词，其余为默认设置，得到人工智能研究的关键词共现网络图谱，如图 2.10 所示。

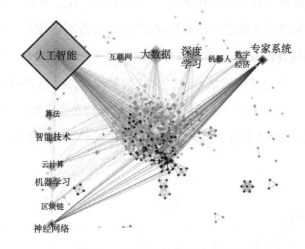

图 2.10　国内文献关键词共现分析

图 2.10 中包括 463 个节点、966 条连线，显示频次大于等于 10 的关键词共有 13 个，节点大小表明关键词共现频次的多少。由图 2.10 可以看出，人工智能是出现频次最高的关键词，频次为 478 次，其次是大数据（47 次）、深度学习（36 次）、机器学习（22 次）等。

关键词共现图谱中，关键词频次越高节点越大，但节点越大并不代表中心性越高，中心性是通过某个节点连线的多少表示的。表 2.5 显示，在频次排前 9 位的关键词中，人工智能的中心性大于 0.1，为关键节点，其他关键词中心性相对较低。

表 2.5 国内文献频次排名前九的关键词

排名	频次	中心度	年份	关键词
1	449	1.30	2001	人工智能
2	47	0.03	2017	大数据
3	36	0.03	2017	深度学习
4	22	0.01	2018	机器学习
5	15	0.03	2000	专家系统
6	13	0.03	2020	算法
7	12	0.04	2001	神经网络
8	12	0.03	2014	智能技术
9	11	0.01	2018	互联网

结合关键词共现网络图谱中重要节点对应的相应文献进行统计和梳理，根据高频关键词和关联度，可以归纳出以下研究热点：

第一，人工智能技术在各个领域中的应用。众多学者对将人工智能技术引入具体领域进行深入研究，探讨人工智能结合传统流程、传统功能等方面进行转型升级的路径，同时对人工智能技术引入后果进行深刻的思考。王芙蓉等（2023）从军人心理评估与选拔、军人心理预警、军事心理训练和军人心理干预四个方面详细梳理了人工智能在军人心理服务领域的应用现状。丘挺（2023）通过探讨人工智能与水墨画共生的创作技术将如何影响艺术家的创作过程、是否会撼动水墨画的边界与核心价值，梳理了人工智能对水墨画的挑战。朱廷劭（2023）通过分析通用人工智能在心理学领域的作用与挑战，提出了通用人工智能在心理学领域应用的建议。综上所述，众多学者不断将人工智能技术引入具体实践领域，在以实践为导向的基础上，不断拓展人工智能研究边界。

第二，人工智能技术带来的影响。随着人工智能技术深入人们生产、生活的方方面面，越来越多的学者开展了对人工智能技术所带来的"双刃剑"作用的细致剖析。王泗通（2022）以垃圾分类智能化实践为切入点，探索了垃圾分类智能化社会风险的治理策略，以此探讨人工智能如何更好地提升社会治理智能化水平。尚智丛和闫禹宏（2023）在梳理社会各界关于ChatGPT发展与教育应用的各方意见与应对策略的基础上，详细分析了由此发生的教育变革与伦理挑战。何宇等（2021）基于多国—多阶段全球价值链竞争模型，探索了新一轮科技革命兴起的背景下中国应对人工智能技术挑战和参与全球价值链竞争的问题。综上所述，在人工智能技术参与人们生产、生活的大时代背景下，学者不仅从人工智能技术作为一种先进生产力的方面进行研究，同时也关注到人工智能技术带来的巨大冲击，力图梳理人工智能技术带来的各类影响，以实现人工智能技术生产力的最大化。

第三，以人工智能为代表的数字技术驱动的转型升级。物联网、大数据、区块链、云计算等数字技术的发展和应用使组织的市场竞争加剧，驱动着组织的转型升级。米晋宏等（2020）从微观组织视角，运用中国制造业上市企业数据实证分析了人工智能技术应用推进制造业升级的内在机制和具体路径。何大安（2021）基于数字经济在不同阶段的不同表现形式，对数字经济的现状及其未来发展做出分析性考察，以厂商大数据分析和人工智能运用为分析主线，通过对数字经济现实存在的解说，构建了一个描述数字经济模式的理论分析框架。张志学等（2023）总结了商业与管理、计算机和心理学领域的学者所从事的有关人们对于机器算法的信任或依赖的研究，特别介绍了在组织情境下开展的人机协同研究，指出了未来人机协同研究的重要方向。综上所述，数字技术驱动的组织转型仍处于摸索阶段，众多学者结合主攻领域提出了自己所提倡的转型之路。

6. 研究热点突现趋势

关键词节点的突发检测是展示研究活跃度的主要指标，有助于人们掌握某一阶段某类主题研究文献的爆发式增长和学界的研究前沿热点。本书运用CiteSpace软件的"Citation/Frequency Burst"功能，生成关键词突现视图，如图2.11所示。在图2.11中，展示了前18个突现关键词。突现关键词是发现在一定时间内受到相关学界特别关注的关键词，可对爆发词相关的文章进行分析，以及对可能出现的关键词进行预测。进一步分析可得，算法、数字经济、区块链关键词在近几年爆发，说明人工智能领域的研究已经逐渐拓展到了以上领域。

关键词	年份	强度	起始	终止	2000-2023
专家系统	2000	5.84	2000	2015	
人工神经网络	2000	2.28	2000	2010	
遗传算法	2000	1.76	2000	2013	
模糊理论	2000	1.33	2000	2002	
神经网络	2001	2.94	2001	2004	
电力系统	2001	2.49	2001	2014	
模糊控制	2001	1.34	2001	2002	
过程控制	2002	1.32	2002	2004	
自然语言处理	2006	1.75	2006	2015	
智能控制	2006	1.35	2006	2007	
集合预报	2013	1.37	2013	2014	
气候持续法	2013	1.37	2013	2014	
诊断	2015	1.62	2015	2018	
教育应用	2017	1.44	2017	2018	
智能化	2019	1.59	2019	2021	
算法	2020	2.04	2020	2023	
数字经济	2020	1.56	2020	2023	
区块链	2020	2.08	2021	2023	

图 2.11　国内文献关键词突现情况

注：图中深色表示某一关键词持续年份，即关键词在持续年份中受到较多关注，浅色表示该关键词尚未开始爆发式引起学界关注。

为了进一步考察人工智能研究热点的知识结构，本书探寻了关键词的组合分类，对关键词按照对数似然法（LLR）算法进行聚类，如图 2.12 所示。在图 2.12 中，每一个圆点代表一个关键词，每一个阴影色块代表着一种聚类，共展示了 15 个聚类，聚类前数字越小，表明该聚类中包含的文献越多。聚类模块值 Modularity Q 为 0.6439，大于 0.3，表明聚类结构显著；聚类平均轮廓值 Mean Silhouette 为 0.9399，大于 0.7，表明聚类结果具有较高可信度。由此，本书得到了人工智能、大数据、专家系统、智能技术、深度学习、自然语言处理、治疗、综述、人脸识别、长期预测模型、气候持续法、知识管理、强人工智能、雾计算、新技术应用 15 个关键词组。15 个聚类按照 LLR 排序(见表 2.6)，其中节点数量代表每个聚类里面包含的关键词数量，聚类前的数字越小，表明该聚类中关键词越多；LLR代表一种算法，Silhouette 表示轮廓值，用于衡量整个网络的平均同质性，得分越接近于 1，表明同质性越高，则可认为该聚类是合理的。

图 2.12　国内文献关键词聚类图谱

表 2.6　国内文献关键词聚类基本情况

聚类编号	节点数量	轮廓值	平均年份	聚类标签(LLR)
0	147	0.990	2018	人工智能
1	48	0.964	2019	大数据
2	41	0.899	2005	专家系统
3	32	0.928	2017	智能技术
4	25	0.878	2018	深度学习
5	23	0.951	2014	自然语言处理
6	13	0.959	2018	治疗
7	12	0.983	2019	综述
8	11	0.976	2019	人脸识别
10	7	0.996	2013	气候持续法
9	7	1.000	2010	长期预测模型

聚类编号	节点数量	轮廓值	平均年份	聚类标签(LLR)
13	6	0.994	2016	雾计算(云计算)
12	6	1.000	2016	强人工智能
11	6	0.992	2003	知识管理
14	5	0.998	2017	新技术应用

在这些聚类中，除去检索词，其余的聚类应该重视分析。笔者对聚类词分类整理后，发现组织领导者在数字创新中面临的领导与管理问题主要围绕三个模块展开，分别为数字技术(大数据、云计算、智能技术)、技术应用(专家系统、治疗、人脸识别、长期预测模型、气候持续法、知识管理、新技术应用)、人工智能技术发展(深度学习、自然语言处理)。

(四) 人工智能技术研究述评

结合 CiteSpace 等工具，本书大致上探索了人工智能技术在 2000~2023 年的研究发展脉络。从国内外研究来看，人工智技术是一个热门、前沿的话题，结合文献量时序分布图，我们可以发现有关人工智能技术的研究越来越丰富。在技术本身不断发展的同时，其前后影响作用机制都在不断拓展。国内外学者对于人工智能技术的研究不断深入，越来越多的合作团体不断发表高质量的研究成果。国外学者对人工智能的研究起步较早，国内学者的研究虽然起步相对较晚，但目前同处于一个快速发展的阶段，相信两者之间的差距会逐渐缩小。

结合关键词、研究热点等图谱可知，人工智能技术目前处于不断更新算法并应用于具体领域的阶段，而如何又快又好地采纳人工智能技术是人们面临的重要问题，要想更进一步地解放生产力，就有必要深入探究人工智能技术持续采纳的前因后果。基于分析结果可知，目前人工智能技术热点研究领域集中在数字技术、人工智能技术发展、人工智能技术在各领域内的应用、人工智能技术带来的影响。综上所述，本书深入人工智能技术应用与影响领域，探讨人工智能技术如何在工作场景中又快又好地应用。

二、技术焦虑

(一) 技术焦虑的概念

技术焦虑 (Technology Anxious) 是由先进技术的副作用引起的非理性恐惧或焦虑 (Cambre 和 Cook，1985；Osiceanu，2015)。技术能力不足和对无能为力的恐惧是造成这一现象的原因，它与计算机焦虑、网络焦虑既有相似之处，又有不同之处。网络焦虑是个体在使用互联网时感知到的恐惧状态，阻碍其使用互联网，它强调了 Web 使能技术的影响以及当前与互联网的接触。计算机焦虑是与计算机交互时的恐惧状态。技术焦虑比具体情境焦虑更普遍，其关注个体对各种技术工具的心理状态 (Cheng 等，2023)。

信息系统领域和营销领域的学者最先引入"焦虑"概念，最初提出"电脑焦虑"的概念，随后又有学者提出了"网络焦虑"。Doronina (1995) 指出，当人们与计算机交互时会出现计算机焦虑，其会引发人们情绪和心理上的不适，致使人们远离或者减少使用计算机。Osiceanu (2015) 指出，技术恐惧症被定义为由先进技术的副作用引起的非理性恐惧或焦虑。此定义涉及两个组成部分：一是对技术发展对社会和环境副作用的恐惧；二是对使用计算机等技术设备和先进技术的恐惧。施国洪和孙叶 (2017) 认为，技术焦虑是在用户使用技术相关工具、感知自身能力和意愿后，所产生的一种心理状态。Yap 等 (2022) 认为，技术焦虑是指个体在面对使用新技术的可能性时产生的顾虑。Cheng 等 (2023) 认为，技术焦虑是指个体对技术的忧虑状态，包括学习或使用技术时的紧张、不确定和恐惧等。Maduku 等 (2023) 认为，技术焦虑是指用户在使用特定技术时感受到的恐惧和担忧的程度。

针对人工智能技术，许多学者具体化了技术焦虑的概念。Wang 和Wang(2022)认为，针对人工智能技术的焦虑可被定义为抑制个体与人工智能交互的焦虑或恐惧的整体情绪反应。陈奕延和李晔(2022)指出，技术恐惧症是因使用新技术引发的消极、恐惧、排斥甚至厌恶的情绪，而由人工智能引起的技术恐惧症被命名为"人工智能技术恐惧症"。赵磊磊等(2022)在结合人工智能与教师主体后，将技术焦虑概念化为人工智能场域下教师因人工智能发展方向不明、人工智能胜任力不足等原因而产生的恐慌和紧张，其可被视为教师在认知、运用或生理上对特定智能情境做出反应时直接经历的压力或紧张反应。表 2.7 是对国内外技术焦虑概念发展的梳理。

表 2.7 技术焦虑概念的发展

来源	定义
Doronina(1995)	当人们与计算机交互时会出现计算机焦虑，其会引发人们情绪和心理上的不适，致使人们远离或者减少使用计算机
Osiceanu(2015)	由先进技术的副作用引起的非理性恐惧或焦虑
施国洪和孙叶(2017)	技术焦虑是在用户使用技术相关工具、感知自身能力和意愿后，所产生的一种心理状态
Yap 等(2022)	指个体在面对使用新技术的可能性时产生的顾虑
Cheng 等(2023)	个体对技术的忧虑状态，包括学习或使用技术时的紧张、不确定和恐惧等
Maduku 等(2023)	指用户在使用特定技术时感受到的恐惧和担忧的程度
Wang 和 Wang(2022)	抑制个体与人工智能交互的焦虑或恐惧的整体情绪反应
陈奕延和李晔(2022)	由人工智能引起的消极、恐惧、排斥甚至厌恶的情绪
赵磊磊等(2022)	教师在认知、运用或生理上对特定智能情境做出反应时直接经历的压力或紧张反应

(二)技术焦虑的维度与测量

技术焦虑的内涵从信息系统领域发展壮大，多位学者对该变量进行了不同视角的测量。Meuter 等(2003)的量表根据 Raub(1981)针对个人电脑的电脑焦虑量表改进而成，以反映所有形式的技术更普遍的焦虑。量表共有 9 个题项，在李克特 7 点量表上进行评估，之后对该量表进行了精简，形成了 4 题项测量量表。Hus 等（2021）在研究移动服务业应用失败情境时，将技术焦虑作为调节变量，将 Meuter 等（2003）的 9 题项量表改编为 6 题项量表。Khasawneh（2018）编制的技术焦虑量表包括技术偏执（Techno Paranoia）、技术害怕（Techno Fear）、技术紧张（Techno Anxiety）、网络反抗（Cybernetic Revolt）和通信设备规避（Communication Devices Avoidance）5 个维度，共 16 个条目，孙尔鸿等（2022）对其进行汉化处理，并将其运用于老年群体进行检验。Wang 和 Wang（2022）结合人工智能的发展现状，开发了人工智能焦虑量表，确定学习（Learning）、工作更换（Job Replacement）、社会技术盲视（Sociotechnical Blindness）和人工智能配置（AI Configuration）4 个维度，共 21 个条目。赵磊磊等（2022）在探讨人工智能时代教师技术焦虑时，结合 Wang 和 Wang（2022）的成熟量表，构建出一个 9 题项的指标体系。栗婷婷（2011）结合网络银行背景，改写 Meuter 等（2023）的量表，提出了 6 题项量表。表 2.8 呈现的是国内外学者所开发的服务型领导测量量表汇总。

表 2.8 技术焦虑量表汇总

来源	题项
Meuter 等（2003）	9 题项
Meuter 等（2005）	4 题项
Hus 等（2021）	6 题项
Khasawneh（2018）	5 维度，16 题项
Wang 等（2022）	4 维度，21 题项
赵磊磊等（2022）	9 题项
栗婷婷（2011）	6 题项

（三）技术焦虑的研究梳理

本书通过文献计量与传统文献回顾相结合的方式，在严谨检索、文献筛选及可视化分析的基础上，使用 CiteSpace 6.2.R2 文献计量分析软件，对涉及技术焦虑的相关研究进行收集和整理。本书中英文文献以 Web of

Science 核心集数据库检索作为检索来源，检索主题中含有"Technical Anxi-ety/Technology Anxiety/ Technophobia"的文献，文献类型设定为"article"，语种设定为"English"。检索式为((((TS=(Technical anxiety))OR TS=(Technology Anxiety))OR TS=(Technophobia))AND LA=(English))AND DT=(Article)，时间设置为"2000.01.01－2023.09.12"，共检索到文献6163篇，先后按照相关度、2023IF 因子指数大于5，选择文献345篇。

本书中文文献以中国知网(CNKI)数据库中的北大核心、CSSCI 文章作为文献检索来源。在知网中选择高级检索，在检索主题中输入"技术焦虑/技术恐惧/"作为主题词，共检索到128篇相关文献，数量较少，因此此处不做国内文献计量分析。

1. 文献量时序分布分析

本书对20年来技术焦虑相关研究进行考察，通过分析历年核心集文献，得到各年份分布数及累计分布数，具体情况如图2.13所示。2000～2023年技术焦虑相关研究呈现总体上升态势，可以分为平稳增长期、快速增长期两个发展阶段。

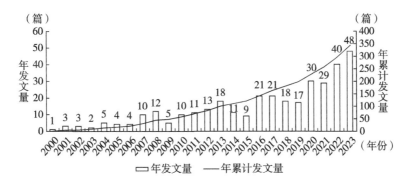

图2.13 2000～2023年 Web of Science 年度发文量

(1)平稳增长期(2000～2015年)。该阶段发文量处于较低水平，且呈现小幅度波动增长趋势，年际差异较小。

(2)快速增长期(2016～2023年9月)。该阶段发文量的增幅明显高于第一个阶段，2023 年达到最高峰，为 48 篇。

近年来，技术焦虑相关研究发表文献数量正处于"井喷"发展时期，表明其受到学者的广泛关注，在时序分布图中，分隔点是 2016 年。本书推测，人机大战引起人们对技术的新一轮忧虑，因此该时间点后文献呈现迅速增长趋势。随着 2022 年 11 月 ChatGPT、2024 年 2 月 Sora 的横空出世，人工智能技术热度居高不下，预计有关人工智能技术焦虑的研究将会到达一个新的高度。

2. 作者合作分析

本书运用 CiteSpace 软件考察不同作者之间的合作情况，在参数设置中，时间划分设置为"2000—2023"，Year Per Slice 设置为"1"，节点类型选择"合作作者"，得到作者合作网络图谱，本书展示发文量大于等于 2 的作者，如图 2.14 所示。

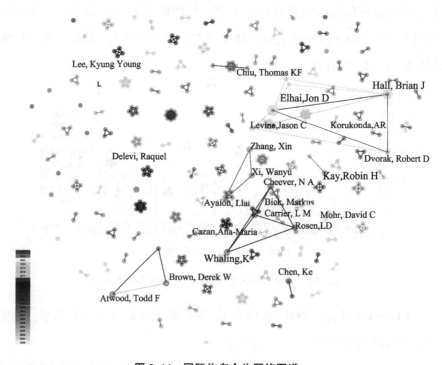

图 2.14 国际作者合作网络图谱

从国际作者合作 CiteSpace 分析结果来看，图谱共有 490 个节点、536 条连线，网络密度为 0.0045，网络密度处于较低水平。这说明目前从事国际技术焦虑相关研究的学者较多，但整体上比较分散。同时，由图 2.14 可知，Elhai. Jon D 与 Hall. Brian J 合作过数篇文章，其中以 2016 年的 *Fear of missing out，need for touch，anxiety and depression are related to problematic smartphone use* 最为著名，引用量达到 436。

3. 作者共被引分析

基于 Web of Science 文献数据，在 CiteSpace 中将网络节点设置为"被引文献"，得到文献共被引网络图谱，如图 2.15 所示。图 2.15 中每个节点代表一位被引作者，节点越大表明作者的被引频次越高，圆圈与圆圈之间的线段是指作者之间所具有的关系，即共被引关系。

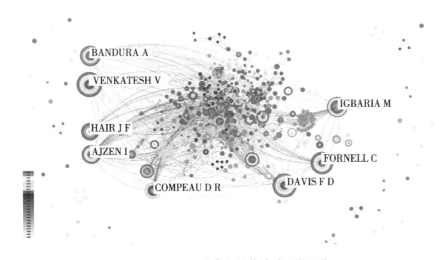

图 2.15 国际作者文献共被引网络图谱

图 2.15 显示，共被引次数大于等于 40 的共被引作者有 8 位，结合表 2.9 可知，影响力排前两名的作者分别是 Venkatesh Viswanath（VENKATESH V）、Davis Fred D.（DAVIS F D）。这在人工智能技术部分已做分析，此处不再赘述。

表 2.9　共引次数大于等于 40 的作者

被引频次	中心度	共被引作者
106	0.01	Venkatesh V
87	0.08	Davis F D
60	0.12	Fornell C
57	0.04	Igbaria M
54	0.16	Bandura A
48	0.2	Ajzen I
44	0.06	Hair J F
43	0.05	Compeau D R

4. 机构合作分析

对主要国家和研究机构的分析有助于挖掘研究中值得重点关注的国家、机构和相关科研人员间的合作关系，推动研究的深入发展。本书借助 CiteSpace 的机构合作分析功能，考察不同机构之间的合作情况，基本设置与作者合作分析相同，节点类型选择"机构"，运行后得到机构合作网络图谱，如图 2.16 所示。图谱中共有 346 个节点、476 条连线，网络密度为 0.008，说明国际上该领域不同发文机构间的联系较少，不同研究主体之间在技术焦虑相关领域的合作较欠缺。

5. 关键词共现分析

本书借助 CiteSpace 软件对相关文献进行关键词共现分析，节点类型选择"关键词"，其余默认设置，得到技术焦虑研究关键词共现网络图谱，如图 2.17 所示。图中包括 455 个节点、1824 条连线，显示频次大于等于 30 的关键词共有 10 个，节点大小代表关键词共现频次的多少。

由图 2.17 可以看出，首先，技术焦虑（technology anxiety）是出现频次最高的关键词，频次为 123 次，其次是焦虑（anxiety，75 次）、接受（acceptance，67 次）、科技（technology，60 次）等。关键词共现图谱中，关键词频次越高则节点越大，但节点越大并不代表中心性越高，中心性是通过某个节点连线的多少表示出来的。表 2.10 显示，在频次排前 9 位的关键词

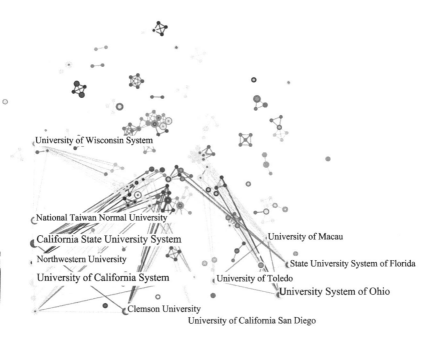

图 2.16 国际机构合作分析

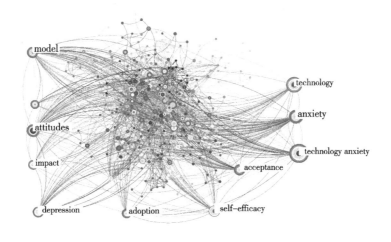

图 2.17 国际文献关键词共现分析

中，技术焦虑、焦虑、接受、态度、模型的中心性均大于 0.1，为关键节点，其他关键词中心性相对较低。

表 2.10　国际文献频次前 9 的关键词

排名	频次	中心度	年份	关键词
1	123	0.17	2002	technology anxiety
2	75	0.24	2001	anxiety
3	67	0.17	2001	acceptance
4	60	0.07	2008	technology
5	49	0.25	2000	attitudes
6	45	0.06	2003	self-efficacy
7	39	0.14	2005	model
8	34	0.05	2008	adoption
9	34	0.07	2002	impact

6. 研究热点突现趋势

本书运用 CiteSpace 软件的"Citation/Frequency Burst"功能，生成关键词突现视图，如图 2.18 所示。图 2.18 展示了 9 个突现词，突现关键词是指在一定时间内受到相关学界特别关注，对爆发词相关的文章进行分析，以及对可能出现的关键词进行预测。进一步分析可知，健康（health）、虚拟现实（virtual reality）等词条在近几年爆发，说明技术焦虑的研究逐渐拓展到以上领域。

图 2.18　2000～2023 年国际文献关键词突现情况

注：图中深色表示某一关键词持续年份，即关键词在持续年份中受到较多关注，浅色表示该关键词尚未开始爆发式引起学界关注。

对关键词按照对数似然法(LLR)算法进行聚类,如图 2.19 所示,共展示了 10 个聚类,聚类前数字越小表明该聚类中包含的文献越多。聚类模块值 Modularity Q 为 0.4675,大于 0.3,表明聚类结构显著;聚类平均轮廓值 Mean Silhouette 为 0.7388,大于 0.7,表明聚类结果具有较高的可信度。由此,得到了技术接受模型(technology acceptance model)、心理健康(mental health)、翻转课堂(flipped classroom)、计算机焦虑(computer anxiety)、AI 焦虑(AI anxiety)、行为偏差(behavioral bias)、忧虑症(anxiety disorders)、自我感知老化(self-perception of aging)、FACEBOOK、教育(education)10 个关键词组。10 个聚类按照 LLR 排序,如表 2.11 所示。

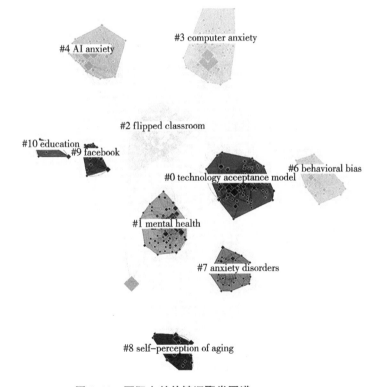

图 2.19 国际文献关键词聚类图谱

表 2.11　国际文献关键词聚类基本情况

聚类编号	节点数量	轮廓值	平均年份	聚类标签（LLR）
0	81	0.581	2012	技术接受模型
1	75	0.654	2015	心理健康
2	59	0.751	2011	翻转课堂
3	56	0.857	2006	计算机焦虑
4	38	0.694	2010	AI焦虑
6	28	0.749	2017	行为偏差
7	26	0.880	2009	忧虑症
8	17	0.880	2016	自我感知老化
9	13	0.942	2012	FACEBOOK
10	6	0.996	2008	教育

（四）技术焦虑述评

目前关于技术焦虑的研究较为匮乏。由于技术焦虑起源于信息系统领域和营销领域，因此有关技术焦虑的研究大多集中于计算机焦虑、电脑焦虑等概念。随着全新的数字技术的蓬勃发展，越来越多的学者将技术焦虑引入高新科技行业、电子服务业乃至教育行业等，其应用越发广泛。同时，随着人工智能技术浪潮席卷全球，ChatGPT、Sora 等工具横空出世，对各行各业的生产发展起着不容忽视的作用。现有学者将人工智能技术引入不同行业、职业进行深入研究。黄丽满等（2020）探讨了旅游企业员工人工智能焦虑对知识共享的影响，发现人工智能焦虑可以适当促进员工的知识共享，同等人工智能焦虑水平上，通过提高员工的感知有用性、感知易用性和主观规范可显著提高知识共享。赵磊磊等（2022）在探讨人工智能时代教师技术焦虑时，发现人工智能时代教师技术焦虑主要体现在教师对自身的智能技术应用能力感到焦虑、对教育人工智能技术感到抵触、对"人工智能+教育"环境感到不适。Cheng 等（2023）指出，两类技术驱动压力源通过技术焦虑的中介作用对老年人的回避行为产生了相反的影响。Maduku 等（2023）检验了技术焦虑在激情对口碑意向和承诺的影响中的调节作用，指出激情对数字助手解释口碑意向和承诺的作用受到技术焦虑的削弱。

组织在观察到先进技术所带来的生产力发展后，纷纷探索引入应用人工智能技术的途径和办法，但结果并非皆大欢喜，因此需要探索引入人工智能技术的前因。近年来，针对人工智能技术焦虑的研究热度增高，各领域学者结合不同的行业、组织，已经有了一些成果，但是面对席卷而来的技术浪潮仍显得杯水车薪，因此有必要深入研究技术焦虑。

三、组织信任

(一)组织信任的概念

组织信任(Organization Trust)主要分为两个方面：组织内部信任与组织间信任。本书以组织内部信任研究为主，主要研究组织内部中的员工对其余员工、上级领导、整体组织的信任程度。Podsakoff 等(1990)认为，组织信任是指员工相信上司的程度和员工相信同事的程度。Robinson(1996)在检验员工对雇主的信任与其心理契约破裂经历之间的理论和实证关系时，将组织信任定义为：相信组织在未来做出的行为会有助于(至少不会损害)自身的利益，是对组织可靠性的认知。Costigan 等(1998)认为，组织信任是指员工在对整体组织进行全方面评估后，赞同组织制定的政策方针，在不能监控组织意图的情境下，愿意让自己处在容易受伤害的被动情境。洪茹燕等(2019)认为，组织间信任是指在经济交换关系中，交易各方均认为对方能够有效履行职责、不会投机性利用另一方弱点而持有的积极预期和信心，是促进经济交换关系发展和交易效率提升的重要因素。迟景明等(2021)指出，组织信任实质上是成员对组织整体及其内部成员认知的一种积极的心理状态。宋晓晨和毛基业(2022)认为，组织间信任是指某焦点组织的成员愿意承担与伙伴组织合作所带来的风险的意愿，是一个动态且连续的变量，也是一个累积的过程。

（二）组织信任的测量

关于组织信任的研究较为丰富，不同领域学者对该变量的研究导致了测量的多样化。McAllister(1995)基于信任者角度，从情感信任和认知信任两个方面，开发了信任测量量表，该量表的内部一致性系数较高。Robinson 在 1996 年编制了只有一个维度的组织信任量表，一共有 7 个条目，采用 7 点计分。Nyhan 和 Marlowe(1997)设计了测量组织信任的 4 个题项。贾良定等(2006)基于中国情境，对根据 Robinson 的 7 条目量表修订后的 6 条目量表进行了测量。Lewicki 等(2006)设计了 8 条目量表，包括关系信任、威胁信任。

（三）组织信任的相关研究

以往大多数研究将组织信任作为前因变量或中介变量，而较少将其作为结果变量加以研究。韩平等(2017)从界定组织信任、心理安全以及工作压力的概念出发，揭示了组织信任引起的工作压力反应，并聚焦心理安全在组织信任与工作压力反应关系中的作用，从组织信任的系统信任、领导信任、同事信任三方面进行探究。洪茹燕等(2019)指出，组织间信任尚存重大争议和局限，对组织间信任进行了系统综述，提出了组织间信任形成机制研究的整合性框架。Ilyas 等(2020)在探讨伦理型领导与员工敬业度之间关系的内在机制时，通过三波时间滞后收集公共与私营组织数据，基于社会交换理论，考察了组织信任的中介作用，得出道德型领导影响员工的组织信任，进而提高他们在工作场所的参与度。王炳成等(2021)基于商业模式创新过程观，在 50 个商业模式创新团队的 457 份有效问卷基础上，应用跨层次分析方法，检验了组织信任在幸福感和商业模式创新之间的调节作用。Guzzo 等(2021)基于 2020 年全球公共卫生事件情境，采用被试间实验方法，考察了情绪在组织信任形成中的作用，得出愤怒、感恩和恐惧情绪会影响组织信任。张少峰等（2022）以一家大型文化企业为调研对象，基于创新型团队环境，从组织类亲情交换关系理论视角探索组织信任对二元威权领导涌现的作用机制，发现关系信任有助于尚严领导行为涌现，威胁信任有助于专权领导行为涌现。Dirks 和 Jong（2022）对信任研究相关文献进行整理分析，提出信任研究可以分为三次浪潮。第一次浪潮来自工作场所和社会趋势所需，推动了信任的本质、普遍接受的理论与思维方式；第二次浪潮来自信任领域内部，学者质疑原有假设并超越基本模型，具体表现为信任研究的视角、跨层次分析的整合、信任发展的过程和信任的时间动态性 4 个维度；第三次浪潮虽然还未出现，但伴随着信任发生具有重要影响的根本性和颠覆性变化（如人工智能引进），工作场所和工作关系的性质也在发生着根本性的变化（如远程办公）及全球范围内的信任危机（如 Edelman 信任晴雨表）。

（四）组织信任述评

组织信任的概念由来已久，并得到不同行业专家的深入研究。组织信任是对组织可靠性的认知，较高水平的组织信任将会使员工更支持组织行为，能够使员工愿意接受组织行为带来的风险，愿意让自己处在容易受伤害的情况下。因此，本书认为老龄员工在感知人工智能技术持续采纳时的技术焦虑后，会影响其对组织的信任水平；而高水平的组织信任有利于员工听从组织安排，接受带有风险的组织安排。因而，本书引入组织信任作为中介变量。

四、ICT 自我效能

（一）ICT 自我效能的概念

ICT 自我效能（ICT self-efficacy）源于班杜拉的社会认知理论中的自我

效能，其提出了结果期待与效能期待两个概念，将效能期待定义为自我效能感，即个体对自己有能力成功完成某项任务的信心。学界大多倾向于将 ICT 自我效能定义为自我效能的延伸，是个体基于个人感知，对其 ICT 技能和执行计算机相关活动能力的判断。如 Alruwaie 等（2020）认为信息质量影响自我效能，并指导社会行为决策，同时有学者指出 ICT 自我效能是对自身使用信息通信技术能力的认知（Hatlevik 等，2018），包括计算机自我效能和互联网自我效能。Goldhammer 等（2016）认为，ICT 自我效能是个体对自己掌握的信息通信技术知识以及如何使用信息通信技术的感知。

（二）ICT 自我效能的测量

对 ICT 自我效能的测量尚未出现经过多次实证检验的量表，因而众多学者基于研究情境设计了不同的量表。Compeau 和 Higgins（1995）针对计算机的使用，开发和验证了测量计算机效能的量表，共 10 个题项。Senkbeil 和 Ihme（2017）提出了五因素 ICT 激励模式，包含了对 ICT 自我效能的测量，该因素共 9 个题项，采用四点计分。Deng 和 Fei（2023）改编前人量表，设计了对智慧城市 ICT 设备使用自我效能进行测量的 4 个题项，采用五点计分。费硕等（2023）借鉴已有研究，设计了对居民使用网络、智慧化服务、智能设备等的了解或使用程度进行测度的自我效能感量表，共 6 个题项，四点计分。

（三）ICT 自我效能的相关研究

Chen 和 Hu（2020）基于参加 2015 年国际学生评估项目（PISA）的 30 个经济合作与发展组织（OECD）国家的数据，考察了 15 岁青少年的 ICT 兴趣与 ICT 自我效能感之间的关系，发现 15 岁青少年的 ICT 兴趣与其 ICT 自我效能感之间存在显著的正相关关系，并且这种关系受到行为因素的部分中介作用。Peciuliauskiene 等（2022）分析了职前教师的信息搜寻和信息评价素养与其在教学中的 ICT 自我效能感之间的关系，发现感知信息评价素养对教师 ICT 自我效能感的间接影响强于直接影响，而感知信息搜寻素养对教师 ICT 自我效能感的直接影响强于间接影响。Zhang 等（2022）考察了发达的信息通信技术对缓解老年人孤独感的潜在作用，发现 ICT 自我效能和健康意识可以调节信息通信技术使用与孤独感之间的关系。Deng 和 Fei（2023）在研究智慧城市质量对网络公民参与的影响时，发现数字化学习服务的高质量响应性和信息内容对社区承诺和 ICT 自我效能感有显著的正向影响。而社区承诺和 ICT 自我效能对网络公民参与有显著的正向影响；费硕等（2023）在探究公众对社区智能设备使用的接纳度时，将 ICT 自我效能作为感知风险、学习益处、可靠性与公众态度之间的中介变量。Zhang 等（2023）探讨了职前教师整合信息通信技术的自我效能信念如何通过他们感知到的在线自我调节学习策略直接或间接地与他们实际获得的信息通信技术能力相关。结果表明，职前教师整合信息通信技术的自我效能感并不直接影响其信息通信技术能力，而是通过其目标设定策略的感知使用来中介。

（四）ICT 自我效能述评

ICT 自我效能源于对自我效能感的研究，是随着信息通信技术的进步而衍生出来的新变量。自我对信息通信技术的信心和态度决定了个体的 ICT 自我效能，这是观察信息技术采纳的一个重要视角。作为一个与时俱进的新视角，深入对 ICT 自我效能的研究，将有助于回答管理实践中出现的新问题，但目前对 ICT 自我效能的研究较少，多数集中于教育（教师、青少年）领域，有必要对其深入研究。因此，本书在已有研究的基础上，将 ICT 自我效能作为中介变量引入。

五、心理脱离

(一)心理脱离的概念

心理脱离(Psychological Detachment)的概念最早来自 Etzion 等(1998)关于远离工作压力源对工作倦怠的改善作用的研究，当时的心理脱离被描述为一种"脱离感"，文章最后得出不仅要身体上远离工作，而且需要考虑心理主观层面的脱离的结论。随着科技的进步，互联网逐渐突破时空限制，人们发现自己难以从繁忙的工作中脱离。即使在远离工作的家中、休闲场所，也难以避免在非工作时间、非工作场所办公；即便身体远离工作场地，也需要思考在工作中遇到的、未解决的各类问题。Sonnentag 和 Bayer(2005)在 Etzion 等(1998)的基础上，对"脱离感"进行概念化，总结形成了目前广为人知的心理脱离概念，将心理脱离定义为员工一方面需要在身体层面从工作场所脱离出来，另一方面更需要在心理层面与工作事务进行脱离，进而获得心理层面的恢复，缓解消极情绪和绩效压力。

(二)心理脱离的测量

Etzion 等(1998)提出"脱离感"时，编制了 6 题项的心理脱离测量问卷，涉及服务活动与返乡工作活动的相似性、预备役期间与工作场所的接触量(如参观、打电话)、服务期间对返乡工作的思考。Sonnentag 和 Bayer(2005)通过五种活动中花费的时间以及三个涉及心理脱离的题项，来评估心理脱离程度。Sonnentag 和 Fitz(2007)为了解成功恢复的经验，借鉴了恢复过程(基于努力—恢复模型、资源保存理论)以及情绪调节文献的理论，开发了恢复体验量表(心理脱离、放松、掌控和控制)。而心理脱离是恢复体验量表中的重要维度，包含四个选项，测量的信度和效度在研究中多次得到证明。

(三) 心理脱离的相关研究

心理脱离的相关研究始于 20 世纪 90 年代，发展至今已取得了丰硕的研究成果。王杨阳等(2021)使用日记法探讨了非工作时间使用手机工作对员工生活满意度的溢出效应，发现心理脱离在两者中起中介作用。万金等(2021)探究了影响医务人员工作投入的前因变量，发现心理脱离对心理可得性具有正向影响，而心理脱离对工作投入具有直接负向影响，因而万金等(2023)基于工作要求—资源模型，针对心理脱离对工作投入存在方向相反的作用机制，揭示了心理脱离对工作投入的负面作用，以及下班后和工作间歇中的心理脱离效果和机制差异，深化了对这两种心理脱离效果和机制的认知。Ghosh 等(2020)通过对日本劳动者的调查，发现了内在动机与创造力之间的关系受到心理脱离的调节，内在动机通过创造力影响员工敬业度的间接效应受到心理脱离的调节。Kuriakose 和 Sreejesh(2023)通过对 350 名一线酒店员工的调查，基于情感事件理论，考察了同事不文明行为和顾客不文明行为的影响，发现心理脱离在顾客无礼行为和无助感之间的关系中具有调节作用。Regina 和 Allen(2023)在资源论的指导下，通过对 406 名参与者(165 个对手)进行三个时间点的调查，分析了职场竞争与工作—家庭冲突之间的关系，检验了心理脱离作为中介变量的作用。

(四) 心理脱离述评

综上所述，笔者在对心理脱离相关文献的梳理中，发现心理脱离有充当前因变量、结果变量的情况，因而结合本书内容需要，引入心理调节作为模型的调节变量。心理脱离在研究中主要为正向积极变量。心理脱离能够很好地缓解员工在工作中感知到的压力、情绪耗竭，能够促进员工在非工作环境中补充心理资源、调整工作状态，以更好地投入新的工作任务当中。因此，本书认为老龄员工在感知人工智能技术持续采纳时的技术焦虑后，会因心理脱离程度的不同，对组织信任水平以及自身能力水平的认知出现差异，表现出的采纳行为也有差异，进而影响到人工智能技术持续采纳。

第三节

本 章 小 结

本章主要对本书所涉及的理论基础与相关文献材料进行了梳理和总结。首先，本章对认知评价理论、情感事件理论的基本观点和研究发展做了简单梳理，并基于认知评价理论、情感事件理论的内在逻辑对老龄员工技术焦虑与人工智能技术持续采纳之间的关系做了解释：第一，根据认知评价理论，老龄员工会结合已知信息对经历的事件进行评估，然后做出相应的反应；第二，根据情感事件理论，老龄员工根据对组织的判断以及自身态度对人工智能技术持续采纳这一情感事件做出整体性判断，并做出是否持续采纳人工智能技术的决定。其次，本章对人工智能技术持续采纳、技术焦虑的概念、测量进行综述，并利用 CiteSpace 软件对国内外相关文献进行了系统梳理。研究发现，关于老龄员工技术焦虑与人工智能技术持续采纳的关系研究存在以下不足之处：第一，尚未有研究探讨老龄员工技术焦虑与人工智能技术持续采纳之间的关系；第二，当前研究主要关注人工智能技术的算法以及与各行业的结合，少有研究探讨人工智能技术持续采纳的后续影响因素；第三，对于老龄员工技术焦虑发挥作用的影响机制与边界条件的研究存在不足。最后，本章对研究所涉及的中介变量(组织信任、ICT 自我效能)、调节变量(心理脱离)同样做了关于概念、测量、相关研究的综述回顾。

第三章

研究模型与研究假设

Chapter three

理 论 模 型

通过对学者研究的梳理，可以得出技术焦虑会影响对人工智能技术的采纳，一方面，技术焦虑会影响员工的组织信任，组织信任会影响员工的技术采纳；另一方面，技术焦虑对员工自我效能会产生影响，自我效能则对员工技术采纳产生影响，心理脱离会影响技术焦虑作用于组织信任以及自我效能的过程。基于此，综合前人的研究，本章对老龄员工技术焦虑、人工智能技术持续采纳、组织信任、ICT自我效能以及心理脱离之间的关联性提出较为合理的研究假设，并搭建如图3.1所示的理论研究模型。

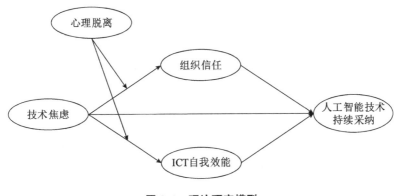

图3.1 理论研究模型

研 究 假 设

一、老龄员工技术焦虑对人工智能技术持续采纳的影响

老龄化已经成为全球性问题，因此对于老龄劳动力的研究越来越丰富（彭息强等，2022）。学界对于老龄员工的年龄界定尚未形成统一认识，部分学者认为 40 岁是年轻与年长的分界线（汪长玉和左美云，2020），但鉴于更多权威期刊的研究将 45 岁作为分界线（kulik 等，2016；陶涛等，2019；崔国东等，2023），因此本书采用后者。技术焦虑究其本质是焦虑情绪的延展。关于焦虑的研究成果较多，一些学者认为焦虑会增加心理疾病患病率，导致缺勤、离职等行为出现（Jones 等，2016；Green，2010）；另一些学者则认为焦虑也有正面影响，在某种程度上可促进学习行为（Piniel 和 Csizér，2013）。人工智能技术持续采纳是指初次采纳人工智能技术后的持续、常规化、同化等一系列行为（Limayem 等，2007）。目前，学界对个体人工智能技术持续采纳影响因素的研究不足（李燕萍和陶娜娜，2022），已有研究重点关注了技术和个体因素对个体人工智能技术持续采纳的影响。例如，从技术因素分析，ISSM（Information System Success Model）中的信息质量和服务质量正向影响消费者满意度，TAM（Technology Acceptance Model）中的感知有用性和感知易用性是持续使用意愿的显著预测因子（Ashfaq 等，2020）；从个体因素分析，学者扩展期望确认模型，验证了期望确认度可通过技术使用满意度正向影响个体人工智能技术持续采

纳意向(Li 等，2021)。

依据情感事件理论，情感反应会影响员工的工作状态，员工进而通过整体性思考，经由判断—驱动行为路线，对自身的行为做出决策(Weiss 和 Cropanzano，1996)。老龄员工在工作中感知到对人工智能的技术焦虑，运用其自身标准对人工智能技术进行综合性判断，而这一评判结果的好坏将影响老龄员工的人工智能技术持续采纳。此外，组织行为学领域中的"成功老龄化"在近几年得到进一步研究，并涌现出"工作中成功老龄化"(Successful Aging at Work)概念，即老龄员工通过有效整合内外部资源，维持或发展积极的工作状态和结果。因此，本书认为老龄员工基于自身经验与资源，更倾向于积极处理在工作中遇到的困难。当老龄员工感到人工智能技术焦虑时，更倾向于不断努力学习人工智能技术。此外，老龄员工丰富的工作经验，使其能够基于综合性判断而选择较优途径，遵从组织的安排并持续采纳人工智能技术。加之人工智能技术持续采纳的确能够帮助老龄员工处理烦琐的工作事务，其强大的优越性使得老龄员工在产生技术焦虑的同时，也观测到了人工智能技术的有用性，其更倾向于人工智能技术持续采纳以实现缓解工作压力并提升工作绩效的目标。综上所述，提出如下假设：

H1：老龄员工技术焦虑正向影响人工智能技术持续采纳。

二、组织信任在技术焦虑与人工智能技术持续采纳中的中介作用

较高的组织信任将会使员工更支持组织(贾良定等，2006；杨霞和李雯，2017)。依据情感事件理论，工作场所中的工作事件是个体情绪的重要来源，个体对这些工作事件的体验会引发其情感反应，情感反应会进一步影响个体的工作态度或行为(Weiss 和 Cropanzano，1996；陈云和杜鹏程，2022)。老龄员工经历了人工智能技术持续采纳这一工作事件后，对人工

智能技术做出认知评价，进而影响其情绪反应。具体而言，老龄员工担心对人工智能技术不熟悉、对技术控制力不强（Yap 等，2022）以及岗位替代危机（陈奕延和李晔，2022），产生人工智能技术焦虑，这使得老龄员工沉浸于技术焦虑的紧张、恐惧中，进而引起对组织的怀疑，损害对组织的信任。加之老龄员工可能出现人工智能技术威胁自身组织地位的隐忧，这也会影响老龄员工的组织信任。此外，技术焦虑使得老龄员工难以集中精力工作，所带来一系列消极后果也会影响老龄员工的组织信任。因此，老龄员工技术焦虑负向影响组织信任。

根据情感事件理论中的判断—驱动行为路线（Weiss 和 Cropanzano，1996），老龄员工基于自身对组织的信任程度，对人工智能技术持续采纳做出整体性判断，并做出是否持续采纳人工智能技术的决策。同时，已有研究表明，组织信任有助于提高员工的组织认同感（王炳成等，2021），增加员工的积极行为表现（迟景明等，2021）。因此，高水平组织信任会促进人工智能技术持续采纳。具体而言，高组织信任的老龄员工认为组织不会轻易解雇自己，更愿意相信组织引入人工智能技术是为了提高自身工作绩效，减轻工作负担。老龄员工在高信任氛围下，更愿意尝试新事物，因而倾向于人工智能技术持续采纳。综上所述，提出如下假设：

H2a：老龄员工技术焦虑和组织信任之间存在负向关系。

H2b：组织信任和人工智能技术持续采纳之间存在正向关系。

结合以上论述进一步推论，组织信任是老龄员工技术焦虑和人工智能技术持续采纳的潜在中介变量。根据情感事件理论中的工作事件—情感反应—判断驱动行为框架（Weiss 和 Cropanzano，1996），在组织采纳人工智能技术过程中，引入人工智能技术构成事件，引起老龄员工技术焦虑情绪，而后老龄员工基于组织信任水平，对人工智能技术持续采纳做出整体性判断，进而做出相应的行为反应。换言之，老龄员工技术焦虑可能对组织信任产生负向影响，而组织信任可能对人工智能技术持续采纳产生正向影响。由此表明，老龄员工技术焦虑通过组织信任的间接效应一定程度上会弱化老龄员工技术焦虑对人工智能技术持续采纳的直接效应，从而出现遮掩效应。综上所述，提出如下假设：

H2c：组织信任在老龄员工技术焦虑和人工智能技术持续采纳之间发挥的中介作用表现为遮掩效应。

三、ICT 自我效能在技术焦虑与人工智能技术持续采纳中的中介作用

以往研究将信息通信技术相关的自我效能视为自我效能的延伸（Peciuliauskiene 等，2022），认为 ICT 自我效能是对自身使用信息通信技术能力的认知（Hatlevik 等，2018），包括计算机自我效能和互联网自我效能（Papastergiou，2010）。情感事件理论指出，对工作事件的认知评价决定了情感反应（Weiss 和 Cropanzano，1996）。人工智能技术引入后，引起老龄员工技术焦虑，而老龄员工基于对自身信息通信技术的认知，对此事件做出情感反应。同时，个体将社会交换过程中的积极结果或消极结果与其自我效能感进行关联（费硕等，2023），由此老龄员工技术焦虑将会影响 ICT 自我效能。具体而言，老龄员工担心人工智能技术引入后会威胁其工作岗位，进而影响老龄员工对自身信息通信技术能力的感知。老龄员工也会认为人工智能技术操作难度大，不容易控制，视人工智能技术为不稳定因素，由此也会影响对信息通信技术的自我效能感。

此外，根据情感事件理论中的判断—驱动行为框架（Weiss 和 Cropanzano，1996），老龄员工基于自身对于信息通信技术的感知判断，对人工智能技术持续采纳做出整体性思考，进而做出是否持续采纳人工智能技术的决定。低 ICT 自我效能的老龄员工，认为自身不能适应新技术，倾向于放大人工智能技术引入的弊端，进而排斥人工智能技术的引入，从而影响人工智能技术持续采纳。高 ICT 自我效能的老龄员工，认为自身能够很好地

使用信息通信技术，人工智能技术应用将大大地减轻工作负担，压缩工作成本，因此不排斥人工智能技术的引入。同时，已有研究指出，ICT 自我效能感有助于提升对技术的接纳程度（费硕等，2023；Alruwaie 等，2020）。因而，ICT 自我效能感将促进人工智能技术持续采纳。综上所述，提出如下假设：

H3a：老龄员工技术焦虑和 ICT 自我效能之间存在负向关系。

H3b：ICT 自我效能与人工智能技术持续采纳之间存在正向关系。

同时，本书进一步推导出，ICT 自我效能是老龄员工技术焦虑和人工智能技术持续采纳的潜在中介变量。根据情感事件理论中的工作事件—情感反应—判断驱动行为框架（Weiss 和 Cropanzano，1996），当人工智能技术引入这一工作事件发生后，老龄员工对于人工智能技术持续采纳产生技术焦虑。老龄员工基于自身 ICT 自我效能，对人工智能技术持续采纳做出全面判断，进而做出是否持续采纳人工智能技术的决策。此外，老龄员工技术焦虑对 ICT 自我效能具有负向影响，而 ICT 自我效能对人工智能技术持续采纳具有正向影响。由此表明，老龄员工技术焦虑通过 ICT 自我效能的间接效应在一定程度上会弱化老龄员工技术焦虑对人工智能技术持续采纳的直接效应，从而出现遮掩效应。综上所述，提出如下假设：

H3c：ICT 自我效能在老龄员工技术焦虑和人工智能技术持续采纳之间的中介作用表现为遮掩效应。

四、心理脱离的调节及有调节的中介作用

依据情感事件理论，个体特征会对员工情绪产生影响，进而通过情绪反应，反馈到个体行为之上（Weiss 和 Cropanzano，1996）。心理脱离能帮助员工在非工作时间避免身心耗竭并补充身心能量，进而提高员工的工作投入（万金等，2021；Chong 等，2020）。在组织感知层面，一方面，具有

高心理脱离水平的老龄员工可以通过暂时让身心脱离工作的方式，调整自身的心理状态和工作态度，削弱老龄员工技术焦虑所带来的对组织的怀疑与不信任。另一方面，老龄员工远离工作环境和工作本身，有助于身心恢复，削减人工智能技术持续采纳所带来的压力和心理紧张症状，补充个人损耗的精力和情感资源，维持老龄员工对组织的信任（马璐等，2021）。在自我感知层面，一方面，心理脱离水平低的老龄员工，难以通过心理脱离的方式进行身心调整，这使老龄员工难以恢复人工智能技术持续采纳所损耗的身心资源，使得老龄员工质疑自身使用信息通信技术的能力。另一方面，对于心理脱离水平低的老龄员工，在工作中的消极情感体验将持续影响老龄员工的心理状态，致使老龄员工情绪耗竭（袁凌等，2023），负面影响老龄员工的工作绩效，致使老龄员工质疑自身能力，影响后续工作。综上所述，提出如下假设：

H4a：心理脱离对老龄员工技术焦虑和组织信任间的关系具有显著影响，即心理脱离削弱了老龄员工技术焦虑对组织信任的负向作用。

H4b：心理脱离对老龄员工技术焦虑和ICT自我效能间的关系具有显著影响，即心理脱离削弱了老龄员工技术焦虑对ICT自我效能的负向作用。

基于以上假设，本书进一步探究有调节的中介模型。老龄员工心理脱离水平的差异在人工智能技术持续采纳的过程中发挥着不同的作用。具体而言，组织信任、ICT自我效能在老龄员工技术焦虑和人工智能技术持续采纳的关系中起遮掩效应，此效应会受到心理脱离的影响。当心理脱离水平较高时，老龄员工技术焦虑通过组织信任、ICT自我效能对人工智能技术持续采纳的间接影响较大，遮掩效应弱；当心理脱离水平较低时，老龄员工技术焦虑通过组织信任、ICT自我效能对人工智能技术持续采纳的间接影响较小，遮掩效应强。综上所述，提出如下假设：

H4c：心理脱离正向调节组织信任对老龄员工技术焦虑和人工智能技术持续采纳的中介作用，即心理脱离水平越高，组织信任在老龄员工技焦虑与人工智能技术持续采纳之间的中介作用越强，遮掩效应越弱。

H4d：心理脱离正向调节 ICT 自我效能对老龄员工技术焦虑和人工智能技术持续采纳的中介作用，即心理脱离水平越高，ICT 自我效能在老龄员工技术焦虑与人工智能技术持续采纳之间的中介作用越强，遮掩效应越弱。

第四章

研究设计与数据收集

Chapter four

第一节

问 卷 设 计

一、问卷的形成

本书根据文献综述部分内容，收集并整理 5 个变量的成熟量表，筛选经过实证研究验证且具备良好信度和效度的量表。征求专家建议后，对问卷进行调整。由于采用的量表多为国外量表，需要考虑语言差异影响下的语义分歧，因此本书遵循"翻译—回译"程序并征求专家意见之后，形成问卷的终稿。

二、隐私性与筛选题

通过线上渠道收集调查问卷，所收集问卷的数据质量较差。为了保证问卷数据的真实性和准确性，本书一方面采取问卷匿名作答方式，在问卷导语部分写明本问卷为匿名作答，承诺对调研对象的隐私保密，以避免问卷填写者对透露个人信息的担忧；另一方面，在问卷中设置群体甄别题与注意力判断题，以提升回收问卷数据的可靠性。例如，在问卷开头处设置年龄甄别题，只保留 45~64 岁的调研对象；在随机量表题项中设置注意力判断题，指定对应的答项，若选择其他选项，则直接剔除该答卷。

第二节

成 熟 量 表 应 用

本书有技术焦虑、心理脱离、组织信任、ICT 自我效能、人工智能技术持续采纳 5 个核心变量。问卷采用李克特七点计分，包含"完全不同意、基本不同意、有点不同意、中立、有点同意、基本同意、完全同意"7 个选项。

一、技术焦虑

结合文献回顾内容，本书认为当组织普及推广新技术时，会给员工带来新的挑战和压力，持续的技术扩散导致员工需要在短时间内适应并应用新技术，致使员工产生技术焦虑（陈奕延和李晔，2022）。本书采用 Wang 和 Wang（2022）开发的量表，挑选其中的"学习"与"工作取代"维度中的共 6 个题项进行测量，具体内容如表 4.1 所示。

表 4.1　技术焦虑量表

变量	编号	题项
技术焦虑	TA1	学会理解与人工智能技术/产品相关的所有特殊功能让我感到焦虑
	TA2	学习使用人工智能技术/产品让我感到焦虑
	TA3	学习使用人工智能技术/产品的特定功能让我感到焦虑
	TA4	我担心人工智能技术/产品可能会取代人类
	TA5	我担心人形机器人的广泛使用会夺走人们的工作
	TA6	我担心如果我开始使用人工智能技术/产品，我会对它们产生依赖，并失去一些推理技能

二、心理脱离

结合文献回顾，本书认为，心理脱离是指非工作时间内个体在时空和心理两个层面均从工作中脱离出来，不被工作相关问题所干扰，并停止对工作的思考。本书采用 Sonnentag 和 Fritz（2007）开发的心理脱离量表，包含 4 个题项，具体内容如表 4.2 所示。

表 4.2　心理脱离量表

变量	编号	题项
心理脱离	PA1	在非工作时间，我可以忘掉工作相关事宜
	PA2	在非工作时间，我根本不会想到有关工作的事
	PA3	在非工作时间，我能让自己远离工作
	PA4	在非工作时间，我能从工作的要求中解脱出来并得到休息

三、组织信任

结合对组织信任变量的文献回顾，本书采用以下定义：相信组织在未来做出的行为会有助于（至少不会损害）自身的利益，是对组织可靠性的认知。本书采用贾良定等（2006）基于中国情境对 Robinson 的 7 条目量表修订后的 6 条目量表进行测量，具体内容如表 4.3 所示。

表 4.3　组织信任量表

变量	编号	题项
组织信任	OT1	我认为公司是非常正直的
	OT2	我的公司总是诚实可信的
	OT3	从总体来看，我认为公司的动机和意图是好的
	OT4	我觉得公司公平地待我
	OT5	我的公司对我是坦率的、直接的
	OT6	我完全相信公司

四、ICT 自我效能

结合前述研究，本书采用以下定义：ICT 自我效能是指老龄员工对自身使用信息通信技术能力的判断（王堃，2022）。本书采用 Senkbeil 和 Ihme（2017）编制的 ICT 自我效能量表，包含 9 个题项，具体内容如表 4.4 所示。

表 4.4　ICT 自我效能量表

变量	编号	题项
	ICT1	我可以在桌面上创建一个程序的快捷方式
	ICT2	我可以打印出一页长长的文本
	ICT3	我能够使用文字处理技术对文本进行格式化，以便清晰地表示文本
	ICT4	我能够在表格中根据不同的标准对数据进行排序
ICT 自我效能	ICT5	我可以使用工作表数据创建图表
	ICT6	我可以发送并接收电子邮件
	ICT7	我能够识别搜索引擎的结果是否是广告
	ICT8	我能够识别网页上提供的信息是否可信
	ICT9	我知道如何注册和登录网页

五、人工智能技术持续采纳

结合文献回顾，本书认为人工智能技术持续采纳是指初次采纳人工智能技术后的持续、常规化、同化等一系列行为（Limayem 等，2007）。本书采用 Li 等（2021）改编的 Bhattacherjee 所编制的信息系统持续意向量表，包含 3 个题项，典型题目如"如果可能的话，我未来将越来越多地使用人工智能技术"，具体内容如表 4.5 所示。

表 4.5　人工智能技术持续采纳量表

变量	编号	题项
人工智能技术持续采纳	AI1	综合考虑所有因素，我希望未来在工作中继续经常使用人工智能技术
	AI2	我打算在工作中继续使用人工智能技术，而不是其他方式或工具
	AI3	如果可能的话，我未来将会越来越多地使用人工智能技术

六、人口统计学量表设计

本书借鉴以往研究中已经被证明的可能对研究变量产生影响的变量作为控制变量，排除这些变量对关键变量的影响。人口统计学变量均采用虚拟变量进行赋值处理。性别变量，1 代表男性，2 代表女性；年龄变量，1 代表 45~49 岁，2 代表 50~54 岁，3 代表 55~59 岁，4 代表 60~64 岁；受教育程度变量，1 代表高中及中专以下，2 代表大专，3 代表本科，4 代表硕士及以上；企业性质变量，1 代表国企，2 代表民企，3 代表外资或合资，4 代表事业单位，5 代表其他；月平均收入变量，1 代表 4000 元以下，2 代表 4001~8000 元，3 代表 8001~12000 元，4 代表 12001~16000 元，5 代表 16000 元以上。

第三节

数 据 收 集

一、采集数据

本书的问卷调查形式为线上问卷，借助问卷星，通过线上渠道进行问卷填写，为了增强样本代表性和减少系统偏差，填写区域包括吉林、辽宁、黑龙江、内蒙古、陕西、山西、山东、河南、湖南、湖北、江西、四川、重庆、云南、浙江、江苏、安徽、福建、广东、广西、海南、北京、天津、上海、新疆、青海。本次问卷调查共发放 809 份问卷，收回 525 份有效问卷，有效回收率为 64.9%。

二、样本特征

本次调研中，在性别方面，男性占 44.2%，女性占 55.8%；在年龄方面，45~49 岁占 64.4%，50~54 岁占 24.2%，55~59 岁占 8.4%，60~64 岁占 3.0%；在受教育程度方面，高中及中专以下占 32.4%，大专占 20.8%，本科占 41.5%，硕士及以上占 5.3%；在企业性质方面，国企占 27.0%，民企占 25.7%，外资或合资企业占 4.8%，事业单位占 18.1%，其他占 24.4%；在月平均收入方面，4000 元以下占 27.6%，4001~8000 元占 55.2%，8001~12000 元占 9.9%，12001~16000 元占 2.5%，16000 元以上占 4.8%，具体内容如表 4.6 所示。

表 4.6　样本描述性统计

基本信息	题项	占比(%)	累计占比(%)
性别	男	44.2	44.2
	女	55.8	100.0
年龄	45~49 岁	64.4	64.4
	50~54 岁	24.2	88.6
	55~59 岁	8.4	97.0
	60~64 岁	3.0	100.0
受教育程度	高中及中专以下	32.4	32.4
	大专	20.8	53.2
	本科	41.5	94.7
	硕士及以上	5.3	100.0

基本信息	题项	占比(%)	累计占比(%)
企业性质	国企	27.0	27.0
	民企	25.7	52.7
	外资或合资企业	4.8	57.5
	事业单位	18.1	75.6
	其他	24.4	100.0
月平均收入	4000 元以下	27.6	27.6
	4001~8000 元	55.2	82.8
	8001~12000 元	9.9	92.7
	12001~16000 元	2.5	95.2
	16000 元以上	4.8	100.0

第五章

数据分析与假设检验

Chapter five

数 据 分 析

一、信度检验

笔者对本次收集的有效数据进行初步整理之后，采用SPSS 25软件对数据进行更进一步的分析，通过Cronbach's alpha检验各个变量的信度，经过数据检验发现，技术焦虑、心理脱离、组织信任、ICT自我效能、人工智能技术持续采纳的Cronbach's alpha值分别是0.913、0.881、0.946、0.942、0.894(见表5.1)，Cronbach's alpha系数如果大于0.8则表示信度较好，由此可见本次收集的数据信度较好。

表5.1　信度检验

变量	Cronbach's alpha
技术焦虑	0.913
心理脱离	0.881
组织信任	0.946
ICT自我效能	0.942
人工智能技术持续采纳	0.894

二、验证性因子分析

为验证变量之间的区分效度，本书运用 Mplus 8.3 软件对所有变量进行验证性因子分析。

先对模型 1 的五因子模型[技术焦虑(TA)、人工智能技术持续采纳(AI)、心理脱离(PA)、组织信任(OT)、ICT 自我效能(ICT)]进行检验；模型 2 是四因子模型，将中介变量组织信任与中介变量 ICT 自我效能合并；模型 3 是四因子模型，将中介变量 ICT 自我效能与调节变量心理脱离合并；模型 4 是三因子模型，将自变量人工智能技术持续采纳、中介变量 ICT 自我效能与调节变量 PA 心理脱离合并；模型 5 是两因子模型，将中介变量组织责任、ICT 自我效能与自变量人工智能技术持续采纳和调节变量 PA 心理脱离合并；模型 6 是单因子模型，将所有变量合并在一起。

分析结果见表 5.2，五因子模型的拟合优度为 $\chi^2 = 970.388$，df = 332，$\chi^2/df = 2.922855$，RMSEA = 0.061，SRMR = 0.052，CFI = 0.948，TLI = 0.941，表明 5 个变量之间相互独立且区分效度好。随着因子数的减少，模型的各项拟合指标都逐渐变差，最差的是单因子模型，拟合优度为 $\chi^2 = 6106.692$，df = 342，$\chi^2/df = 17.85582$，RMSEA = 0.179，SRMR = 0.187，CFI = 0.532，TLI = 0.483，因而五因子模型均优于其他备选模型且拟合指标较好。

表 5.2　验证性因子分析结果

测量模型	指标	χ^2	df	χ^2/df	RMSEA	SRMR	CFI	TLI
模型 1	TA，OT，ICT，AI，PA	970.388	332	2.922855	0.061	0.052	0.948	0.941
模型 2	TA，OT+ICT，AI，PA	2690.692	336	8.008012	0.116	0.105	0.809	0.785
模型 3	TA，OT，AI，ICT+PA	1981.387	336	5.896985	0.097	0.12	0.866	0.85

测量模型	指标	χ^2	df	χ^2/df	RMSEA	SRMR	CFI	TLI
模型4	TA, OT, AI+ICT+PA	2853.117	339	8.416274	0.119	0.133	0.796	0.772
模型5	TA, OT+AI+ICT+PA	4511.385	341	13.22987	0.153	0.156	0.661	0.625
模型6	TA+OT+AI+ICT+PA	6106.692	342	17.85582	0.179	0.187	0.532	0.483

注：TA 代表技术焦虑，OT 代表组织信任，ICT 代表 ICT 自我效能，AI 代表人工智能技术持续采纳，PA 代表心理脱离。

三、共同方法偏差

为避免共同方式偏差问题，本书运用 SPSS 25 软件进行 Harman 单因素方法检验。将所有变量进行未旋转探索性因子分析后，结果显示，共析出5个因子，解释变量变异的73.873%，第一个特征根大于1的主成分变异解释量为31.546%，小于40%的临界值，说明不存在显著的共同方法偏差。

四、描述性统计分析

运用 SPSS 25 软件得到变量间描述性统计分析结果，如表5.3所示。老龄员工技术焦虑与人工智能技术持续采纳（$r=0.101$，$p<0.05$）、心理脱离（$r=0.416$，$p<0.01$）均显著正相关，与组织信任（$r=-0.113$，$p<0.01$）、ICT 自我效能（$r=-0.120$，$p<0.01$）均显著负相关；人工智能技术持续采纳与组织信任（$r=0.340$，$p<0.01$）、ICT 自我效能（$r=0.340$，$p<0.01$）均显著正相关。此外，本书对方差膨胀因子 VIF 进行检验，其值均小于2，说明发生多重共线性的可能性较小。

表 5.3 描述性统计分析

变量	均值	标准差	1	2	3	4	5	6	7	8	9	10
1. 性别	1.558	0.497	1									
2. 年龄	48.916	3.807	-0.082	1								
3. 受教育程度	2.198	0.956	0.088*	-0.163**	1							
4. 企业性质	2.870	1.576	0.105*	0.025	-0.192**	1						
5. 月平均收入	7122.863	7513.993	0.009	-0.094*	0.280**	-0.157**	1					
6. AI	5.449	1.296	-0.012	-0.034	0.120**	-0.033	0.031	1				
7. TA	4.527	1.450	0.085	0.036	-0.031	0.085	-0.036	0.101*	1			
8. PA	4.613	1.437	0.050	0.000	0.024	0.043	-0.010	0.436**	0.416**	1		
9. OT	5.274	1.072	0.020	-0.034	0.024	0.003	0.053	0.340**	-0.113**	0.155**	1	
10. ICT	5.407	1.044	-0.050	-0.114**	0.236**	-0.074	0.076	0.340**	-0.120**	0.160**	0.451**	1

注：N=525；*代表 $p<0.05$，**代表 $p<0.01$。

第二节

假 设 检 验

一、主效应检验

用平均分衡量每一个量表中的变量，通过 Mplus 软件对老龄员工技术焦虑与人工智能技术持续采纳之间的线性关系进行验证，加入控制变量后结果显示，老龄员工技术焦虑对人工智能技术持续采纳具有显著正向影响（$\beta=0.111$，$p<0.05$），H1 得到验证。

二、中介效应/遮掩效应检验

本本采用结构方程模型（SEM）检验研究模型中的双中介路径。采用 Mplus 软件运用潜变量中介效应分析，对模型整体进行路径分析，路径分析结果如图 5.1 所示。

由图 5.1 所示结构方程模型的路径关系及系数可知，老龄员工技术焦虑对组织信任具有显著负向影响（$\beta=-0.125$，$p<0.01$），H2a 得到验证。老龄员工组织信任对人工智能技术持续采纳具有显著正向影响（$\beta=0.294$，$p<0.001$），H2b 得到验证。老龄员工技术焦虑对 ICT 自我效能具有显著负向影响（$\beta=-0.145$，$p<0.01$），H3a 得到验证。老龄员工 ICT 自我效能对人工智能技术持续采纳具有显著正向影响（$\beta=0.252$，$p<0.001$），H3b 得到验证。

在上述假设验证的基础上，本书进一步讨论了组织信任与ICT自我效能的中介作用。依据温忠麟和叶宝娟(2014)关于中介效应与遮掩效应的判断方法可知，自变量系数如果不显著，间接效应显著，则按遮掩效应立论。因此，组织信任与ICT自我效能在老龄员工技术焦虑与人工智能技术持续采纳两者关系中具有遮掩效应。

在控制了组织信任与ICT自我效能两个中介变量后，老龄员工技术焦虑对人工智能技术持续采纳的直接效应显著($c' = 0.159$，$95\%CI = [0.064, 0.255]$，不包括0)。为了进一步检验组织信任与ICT自我效能的遮掩效应，本书利用Mplus进行5000次Bootstrap重复抽样，置信区间设置为95%，并行中介的结构方程模型分析结果如表5.4所示。老龄员工技术焦虑通过组织信任影响人工智能技术持续采纳的间接效应显著($a1b1 = -0.037$，$95\%CI = [-0.072, -0.011]$，不包括0)；老龄员工技术焦虑通过ICT自我效能影响人工智能技术持续采纳的间接效应显著($a2b2 = -0.037$，$95\%CI = [-0.072, -0.013]$，不包括0)；两个中介变量总的间接效应显著($a1b1+a2b2 = -0.073$，$95\%CI = [-0.125, -0.031]$)。这说明组织信任与ICT自我效能的间接效应显著，组织信任与ICT自我效能在老龄员工技术焦虑与人工智能技术持续采纳间起着部分中介作用，但两中介效应之间的差异不显著($a1b1-a2b2 = 0$，$95\%CI = [-0.035, 0.034]$)。同时，直接效应($c' = 0.159$)与间接效应($a1b1+a2b2 = -0.073$)符号相反，说明总效应被遮掩，因而组织信任与ICT自我效能在老龄员工技术焦虑与人工智能技术持续采纳之间的遮掩效应成立，因此H2c与H3c得到进一步验证，遮掩效应量为$|ab/c'| = 41.5\%$。组织信任与ICT自我效能的遮掩效应存在，一方面证明了老龄员工技术焦虑通过组织信任与ICT自我效能间接影响人工智能技术持续采纳这种间接作用的存在，另一方面说明老龄员工技术焦虑与人工智能技术持续采纳之间还存在效应更大的中间变量。

表 5.4　并行中介的 SEM 分析结果

点估计		95%置信区间	
		下限	上限
组织信任	−0.033(−0.037)	−0.066(−0.072)	−0.009(−0.011)
ICT 自我效能	−0.033(−0.037)	−0.066(−0.072)	−0.012(−0.013)
总间接效应	−0.066(−0.073)	−0.126(−0.125)	−0.028(−0.031)
两中介效应差异	0	−0.035	0.034

注：括号中显示的是标准化解。

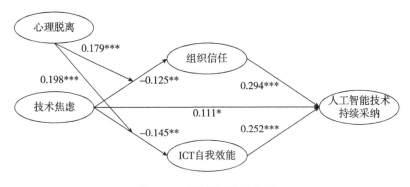

图 5.1　理论模型检验结果

三、调节效应检验

本书采用潜调节结构模型法来检验心理脱离的调节作用，应用此方法能够有效控制测量误差，得到更为准确的模型结果估计（方杰和温忠麟，2018；孙继伟和林强，2023）。模型运行结果显示，老龄员工技术焦虑与心理脱离的交互项对组织信任具有显著正向影响（$\beta = 0.179$，$p < 0.001$），对 ICT 自我效能具有显著正向影响（$\beta = 0.198$，$p < 0.001$），由此，H4a 与H4b 得到验证。同时，通过简单斜率分析，以心理脱离的均值加减一个标准差作为分组依据，分别考察老龄员工技术焦虑对组织信任、ICT 自我效能的影响效应。由图 5.2、图 5.3 可以看出，相比低心理脱离水平的老龄员工，技术焦虑对高心理脱离水平的老龄员工的组织信任、ICT 自我效能

的负向影响较弱。进一步验证了 H4a 与 H4b。

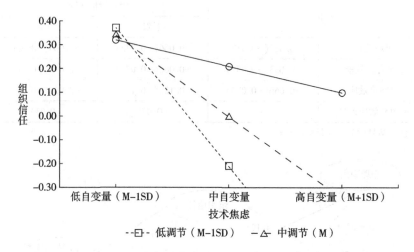

图 5.2　心理脱离对技术焦虑与组织信任的调节效应

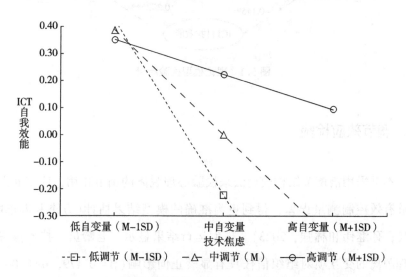

图 5.3　心理脱离对技术焦虑与 ICT 自我效能的调节效应

四、有调节的中介效应

依据相关学者的建议，基于潜调节结构模型进行有调节的中介检验的检验流程如下（方杰和温忠麟，2018）。第一步，对模型拟合进行检验。先检验基准模型（不含调节项），基准模型拟合指标为：$\chi^2 = 1326.675$，$df = 460$，$\chi^2/df = 2.884$，$RMSEA = 0.06$，$CFI = 0.93$，$TLI = 0.921$，$SRME = 0.108$。除了 SRMR 外，其余指标良好。第二步，在基准模型的基础上加入潜调节项并对其进行检验，即通过 AIC 和似然比对潜调节结构模型的拟合情况进行检验。如表 5.5 所示，基准模型 AIC = 40422.664，有调节的中介模型 AIC = 40346.625，减少了 76.039，表明有调节的中介模型拟合指标有所改善；基准模型 Log Likelihood = −20097.332，$df = 114$，有调节的中介模型 Log Likelihood = −20055.312，$df = 118$，D = −2LL 值为 84.044，模型自由度增加 4，D 值的卡方检验显著（$p < 0.001$）。两种指标的检验表明，有调节的中介模型相比基准模型更好。

表 5.5 模型对比结果

拟合指数	基准模型	有调节的中介模型	分析结果	是否通过
AIC	40422.664	40346.625	76.039	通过
H0	−20097.332	−20055.312	0.000	通过
df	114	118		

本书在潜调节结构模型的基础上，采用偏差校正的非参数百分位残差 Bootstrap 法进行进一步验证假设，设置 5000 次迭代，结果如表 5.6 所示。当心理脱离处于高、低两个水平时，组织信任（$\Delta\beta = 0.108$，$CI = [0.06, 0.172]$）、ICT 自我效能（$\Delta\beta = 0.1$，$CI = [0.05, 0.159]$）在老龄员工技术焦虑与人工智能技术持续采纳之间的间接效应存在显著差异。老龄员工技术焦虑通过组织信任对人工智能技术持续采纳的间接效应，在高心理脱离组别的效果值不显著（$\beta = -0.02$，$95\%CI = [-0.059, 0.009]$），置信区间包括 0；在低心理脱离组别的效果值显著（$\beta = -0.128$，$95\%CI = [-0.202, -0.072]$），置信区间不包括 0，H4c 成立。老龄员工技术焦虑通过 ICT 自我效能对人工智能技术持续采纳的间接效应，在高心理脱离组别的效果值

不显著($\beta=-0.021$，$95\%CI=[-0.055，0.002]$)，置信区间包括0；在低
心理脱离组别的效果值显著($\beta=-0.121$，$95\%CI=[-0.2，-0.06]$)，置信
区间不包括0，H4d 成立。综上所述，心理脱离增强了老龄员工技术焦虑
与组织信任、ICT 自我效能之间的中介效应，削弱了老龄员工技术焦虑与
组织信任、ICT 自我效能之间的遮掩效应，验证了 H4c 与 H4d。

表 5.6　有调节的中介效应路径分析结果

因变量	中介变量	调节变量	间接效应	SE	95%CI	
					低	高
人工智能技术持续采纳	组织信任	高心理脱离	−0.02	0.017	−0.059	0.009
		低心理脱离	−0.128***	0.033	−0.202	−0.072
		高—低组差异	0.108***	0.028	0.06	0.172
	ICT 自我效能	高心理脱离	−0.021	0.015	−0.055	0.002
		低心理脱离	−0.121**	0.036	−0.2	−0.06
		高—低组差异	0.1***	0.028	0.05	0.159

第六章

研究结论与展望

Chapter six

第一节

研 究 结 论

本书通过实证研究的方法，基于情感事件理论，构建老龄员工技术焦虑与人工智能技术持续采纳的双中介模型，实证检验了其过程机理与边界条件，利用 525 份有效调查样本的数据，对老龄员工技术焦虑与人工智能技术持续采纳之间的关系进行了实证分析。

一、老龄员工技术焦虑正向影响人工智能技术持续采纳

本书通过实证分析，验证了老龄员工技术焦虑对人工智能技术持续采纳的影响机制是正向的。老龄员工面临持续采纳人工智能技术时会呈现对新技术的焦虑，例如对人工智能技术的不了解、不熟悉使学习熟练成本较高，以及人工智能技术所带来的岗位替代危机等。而与此同时，老龄员工本身经验丰富、追求职业成功等特质，使其能够对人工智能技术持续采纳做出综合性考虑，例如自身经验与资源、人工智能技术的便捷性等，从而选择人工智能技术持续采纳以实现职业成功、缓解工作压力的目标。

二、组织信任与 ICT 自我效能所起的中介作用呈现遮掩效应

本书通过实证分析发现，组织信任与 ICT 自我效能在老龄员工技术焦虑和人工智能技术持续采纳之间起中介作用，但中介作用体现为遮掩效应。技术焦虑负向影响组织信任与 ICT 自我效能，组织信任与 ICT 自我效能正向影响人工智能技术持续采纳，组织信任与 ICT 自我效能在这个过程中起部分中介作用。一方面，在技术焦虑与人工智能技术持续采纳之间存在效应更大的中介变量，同时遮掩效应使得技术焦虑与人工智能技术持续采纳之间的主效应受到一定程度的遮掩，因而主效应较弱；另一方面，根据遮掩效应量可知，中介变量部分遮掩技术焦虑对人工智能技术持续采纳的正向作用，说明一味地强化老龄员工的技术焦虑并不能得到其顺利进行人工智能技术持续采纳的效果。

面对这样的结果，本书推测，由于焦虑既具有正向作用，也具有负向作用，因此技术焦虑同样具有这样的特征。老龄员工在面临人工智能技术持续采纳时，一方面，新技术的引进导致其焦虑水平提升，从而感知到紧张、恐惧、不信任等负面情绪，影响组织信任和 ICT 自我效能；另一方面，面对未知的恐惧、迷茫，老龄员工会积极了解和参与人工智能技术持续采纳，从而维护自身地位。而前者呈现于中介过程中，所以出现遮掩效应。具体而言，老龄员工对人工智能技术持续采纳的技术焦虑，使其担忧组织会通过新技术的采用而削减工作岗位，影响自己的工作稳定性；同时，面对人工智能技术持续采纳，老龄员工担心自己接受能力和学习能力较弱，难以快速且熟练地应用人工智能技术，很容易被组织中的其他工作人员所超越，影响自身在组织中的地位，导致组织信任与 ICT 自我效能降低。而对组织的信任水平高与对自己信息通信能力认知高的老龄员工，能够顺利接受组织的安排，从而促进人工智能技术持续采纳。

三、心理脱离的调节作用

本书通过验证分析，证实了心理脱离能够调节技术焦虑对组织信任、ICT 自我效能的影响。心理脱离水平越高，技术焦虑对组织信任、ICT 自我效能的负向影响就越低，说明具有高心理脱离水平的老龄员工，能够将工作与生活明显区分开，恢复对人工智能技术持续采纳的技术焦虑所带来的心理耗竭，从而更愿意投入更丰富的时间和精力到人工智能技术持续采纳上，削弱技术焦虑的负向作用。而具有低心理脱离水平的老龄员工，在经历技术焦虑后，会持久地陷入焦虑所带来的负面消极状态，且难以恢复耗竭的心理能量，导致其自我否定、猜忌并怀疑组织的目的，强化了技术焦虑的负面作用。

四、基于心理脱离的调节中介作用

本书通过验证分析，证明了老龄员工技术焦虑经由组织信任、ICT 自我效能对人工智能技术持续采纳产生的影响受到心理脱离的调节。心理脱离水平越高，则技术焦虑对组织信任、ICT 自我效能的负面作用越小，对人工智能技术持续采纳的推动力越强。高心理脱离水平的老龄员工，能够更大程度地克服倦怠的消极影响，保持对工作的热情，更好地为实现组织目标而努力，同时能够将工作与生活保持健康的平衡，更好地享受生活，从而削弱技术焦虑对组织信任、ICT 自我效能的负面作用，增强技术焦虑对组织信任、ICT 自我效能的正向作用，进而促进老龄员工的人工智能技术持续采纳。

第二节

实 践 启 示

一、组织应高度重视老龄员工的人工智能技术焦虑

组织应该重视老龄员工所感知的人工智能技术焦虑，要避免对老龄员工的刻板印象，激发老龄员工对"职场中成功""成功老龄化"的追求，促进老龄员工更快、更好地调整自身焦虑情绪，进而投入到人工智能技术持续采纳之中。组织要正视老龄员工的"数字移民"特征，老龄员工虽为"数字移民"，面对数字科技、数字文化时会经历并不顺畅且较为艰难的学习过程，但老龄员工在人工智能技术持续采纳之中并非全然抗拒，而是通过综合性的考虑，在稳定心境以及自身职业发展需要指引下对人工智能技术持续采纳。在这一转换期间，组织可以通过沟通谈话、心理疏导、目标划分等方式，为老龄员工构建人工智能技术持续采纳缓冲时间段。另外，组织应理性看待老龄员工技术焦虑。焦虑情绪带有两面性，组织不仅要关注焦虑带来的负面影响，而且要努力激发焦虑所蕴含的正面作用。组织可以通过沟通谈话、目标划分、心理疏导等方式，降低技术焦虑给老龄员工带来的威胁、紧张等负面影响，同时调动老龄员工的危机意识，鼓励老龄员工利用自身资源以促进人工智能技术持续采纳，积极发挥焦虑的正面作用。具体而言，组织可以考虑采用以下方式流程缓解老龄员工的人工智能技术焦虑：

第一，应对老龄员工的人工智能技术焦虑加以理解、识别、综合干预

以及持续关怀。组织可通过开展问卷调查的方式对老龄员工的人工智能技术焦虑进行识别，了解他们对人工智能技术的认知、态度、担忧和需求。另外，组织可对老龄员工进行一对一深度访谈，深入探讨他们的技术焦虑来源和具体表现，并在面对面交流的过程中，帮助其分析工作流程，识别哪些环节可能受到人工智能技术的影响，通过研究其他组织在处理老龄员工技术焦虑方面的成功案例，设计本组织的老龄员工人工智能技术焦虑解决办法及方案。

第二，在掌握老龄员工人工智能技术焦虑的事实后，通过调整组织文化缓解老龄员工人工智能技术焦虑，营造一种对新技术的包容性文化，减轻老龄员工的压力，并强调经验的价值，让老龄员工认识到他们在组织中的独特作用，也同步优化沟通渠道，确保老龄员工的意见和建议能够被听取和采纳。

第三，组织也可进行定期的技术培训，向老龄员工介绍人工智能的基础知识、应用场景和潜在益处，制订针对性的技能提升计划，帮助老龄员工掌握必要的新技能。根据老龄员工的个人情况，组织可以提供个性化的职业发展规划和技术支持，鼓励建立同事互助网络，通过同伴支持减轻技术焦虑，鼓励老龄员工积极参与新技术学习，通过奖励和认可来增强他们的动力。

第四，通过讲座、工作坊等形式，帮助老龄员工建立积极的心态，面对技术变革。为有需要的老龄员工提供专业的心理辅导，帮助他们缓解焦虑情绪。

第五，建立有效的沟通渠道，确保老龄员工能够表达自己的担忧和需求，同时组织能够及时反馈信息。首先，定期评估老龄员工的技术焦虑状况，以及干预措施的效果。其次，建立反馈机制，收集老龄员工对干预措施的反馈，及时调整策略。最后，根据监测和评估结果，不断优化策略，确保干预措施的有效性。

二、组织应着力提升老龄员工对组织的信任水平

组织应从环境营造方面增强组织内部的信任，让老龄员工相信组织引进人工智能技术的举措会有利于（至少不会损害）其自身利益。组织通过提高老龄员工的组织信任水平帮助其建立积极的认知态度，能够让老龄员工以认同、合作、服从等的态度对人工智能技术持续采纳。老龄员工对组织高水平信任，将有效降低因技术焦虑而产生的紧张、恐惧，从而将更多精力集中于工作之中，增强人工智能技术持续采纳；组织应重视共同愿景的表达。组织应传递引进人工智能技术是为了实现组织与员工共同愿景的信号，让老龄员工倾向于相信组织引入人工智能技术是为了达到提高工作绩效以及减轻工作负担的目的，使得老龄员工倾向于人工智能技术持续采纳。

具体而言，组织可以考虑通过以下措施来提升老龄员工对组织的信任水平。第一，在组织内部建立明确的沟通渠道。例如，定期举行员工大会，特别是针对老龄员工的座谈会，让老龄员工有机会表达意见和建议。设立匿名反馈箱或在线平台，鼓励老龄员工提出问题或担忧，保证他们的"声音"被听见。第二，实施公平的雇用政策，确保老龄员工在晋升、培训和奖励等方面享有与其他员工同等的权利和机会。明确老龄员工的职业发展规划，消除年龄歧视，增强他们的职业安全感。第三，提供持续的职业发展支持，提供定期的技能培训和职业发展课程，帮助老龄员工更新知识、提升技能。实施反向导师制度，让年轻员工向老龄员工学习组织文化和经验，让经验丰富的老龄员工能够传授知识，这不仅可以促进知识传承，也可以增强老龄员工的自尊和信任感，同时也让他们感受到自己的价值。设立弹性工作制度，考虑到老龄员工可能需要的特殊工作安排。第四，建立尊重和认可的文化，通过公开表彰老龄员工的贡献，强化组织内

部对他们的尊重和认可。举办庆祝老龄员工工龄的活动，如服务周年纪念，以此表达对他们长期服务的感激。第五，保障退休福利，提供透明且具有竞争力的退休福利计划，确保老龄员工对未来的财务安全有信心。第六，定期评估和改进策略，通过定期的员工满意度调查和信任度评估，监控策略的有效性，并根据反馈进行必要的调整。

三、组织可增强老龄员工对人工智能技术的正向认知

从人才培训及甄选方面，组织应增强老龄员工的 ICT 自我效能培养力度。组织可以通过定期开展以信息通信技术为主题的员工互助交流会，邀请具有领先经验的员工与老龄员工分享技术经验等方式，提升老龄员工的自我效能感，改善老龄员工对人工智能技术的排斥与不理解心理，增强其人工智能技术持续采纳信心。组织可以识别 ICT 自我效能较高的老龄员工，按照激发老龄员工追求职业成功的思路，通过物质和精神激励的方式，让其作为先进代表为其余老龄员工作经验分享，以点到面，进而促进老龄员工对人工智能技术的持续采纳。

具体而言，组织可以考虑通过以下措施增强老龄员工对人工智能技术的正向认知。第一，开展人工智能技术应用体验活动，让老龄员工亲身体验技术带来的便利。设立试点项目，让老龄员工参与人工智能技术的实际应用。鼓励老龄员工提出改进意见，增加他们对技术的认同感。制定宣传材料，以通俗易懂的方式介绍人工智能技术的优势和作用。通过内部刊物、会议等形式，宣传人工智能技术在组织中的应用案例。第二，建立沟通平台，及时回应老龄员工对于人工智能技术的关切。提供技术支持和辅导，帮助老龄员工解决使用人工智能技术过程中遇到的问题。第三，制定相关政策，确保老龄员工在人工智能技术普及过程中的权益不受侵害。设立专项基金，支持老龄员工进行技术创新和实践。倡导尊重传统与拥抱创

新的文化氛围，减轻老龄员工对新技术的抵触情绪。第四，开展跨代交流，促进年轻员工与老龄员工在人工智能技术方面的相互学习。强化组织价值观，使老龄员工认识到人工智能技术对组织和个人发展的积极意义。

四、组织应致力于平衡工作与家庭的关系

在管理方式方面，组织应注意工作与生活平衡，提高老龄员工的心理脱离水平。组织应降低老龄员工在非工作时间处理工作的概率，鼓励并支持老龄员工在非工作时间全身心投入家庭和个人生活中，提高老龄员工的心理脱离水平，使其尽快自我恢复，以完善其在工作时间内的身体及心理状态，使老龄员工回归岗位时能够拥有充足的工作资源保障其人工智能技术持续采纳。管理者可以通过限制非工作时间交流的途径确保成员能够实现高水平的心理脱离，同时将心理脱离的相关内容纳入组织员工的心理健康培训当中，深化工作与家庭的边界。

具体而言，组织可以考虑通过以下措施来平衡工作与家庭的关系。第一，实施弹性工作时间制度，允许员工根据个人和家庭需求调整工作起始和结束时间。推广远程工作模式，减少员工通勤时间，增加家庭陪伴时间。为有需要的员工提供兼职工作机会，或实施职位共享，以减少每周工作时间。第二，提供充足的产假、陪产假、育儿假等，确保员工在家庭重要时刻能够得到支持。建立内部托儿中心或与外部机构合作，为员工提供便利的托儿服务。设立家庭紧急援助基金或政策，帮助员工应对突发的家庭问题。第三，提供专业的心理健康咨询，帮助员工应对工作和家庭压力。组织定期的健康检查和体育活动，提升员工身心健康水平。为员工提供个性化的职业发展规划，帮助他们更好地管理职业生涯和家庭生活。第四，通过内部宣传、培训等方式，树立工作与家庭平衡的组织文化。鼓励领导带头实践工作与家庭平衡，成为员工的榜样。建立支持性的团队氛

围，鼓励团队成员相互理解和支持。第五，确保员工能够通过多种渠道表达自己对工作与家庭平衡的看法和建议。通过问卷调查、访谈等方式，定期评估工作与家庭平衡策略的效果。及时反馈，对员工的反馈和建议给予及时回应，不断优化相关策略。

第三节
不 足 与 展 望

第一，本书仅将老龄员工作为研究对象，着眼于老龄员工群体的研究结论无法普遍适用于组织内的员工群体，无法针对员工这一主体得出普遍结论。未来研究可以将研究对象扩展到更广泛的员工群体，针对不同的员工群体开展带有群体特性的对应性研究，这将有助于得到具有一般性意义的结论。

第二，本书通过分发问卷的方式收集问卷数据，变量数据均来自员工自评。尽管量表计分采取了李克特七点计分法，同时设置研究对象甄别题与注意力测试题等，但是个体在自身认知以及对技术焦虑、人工智能技术持续采纳等变量的理解上存在显著不同。未来研究可以考虑引入更多的研究方法，如深度访谈等，以获取更丰富和深入的数据，进一步揭示老龄员工在采纳人工智能技术过程中的复杂心理和行为，如分阶段收集问卷数据、横截面数据等多样化的研究方法。

第三，本书所使用的调查量表多数源于国外学者编撰的经典成熟量表，缺乏展现本土情境化特征的量表，未来研究可以充分考虑国内情境，开发适用于国内研究的情境化量表。

第四，本书从两条路径揭示了老龄员工技术焦虑与人工智能技术持续

采纳之间的作用机理，但组织信任和 ICT 自我效能两个中介变量的遮掩效
应表明还存在效应更大的中介变量，未来研究可以进一步深挖两者之间的
影响机制。首先，从现有研究分析，焦虑情绪具有"双刃剑"作用，未来研
究可以从焦虑的二次效应入手，综合以往研究的正向影响和负向影响，厘
清效应的分界点。其次，未来研究可以进一步探讨技术焦虑、组织信任、
ICT 自我效能和心理脱离等变量关系在不同情境和背景下的变化情况，以
丰富和完善研究内容。

参考文献

［1］Ajzen I. The Theory of Planned Behavior［J］. Organizational Behavior and Human Decision Processes, 1991, 50(2): 179-211.

［2］Alruwaie M, El-Haddadeh R, Weerakkody V. Citizens' Continuous Use of eGovernment Services: The Role of Self-Efficacy, Outcome Expectations and Satisfaction［J］. Government Information Quarterly, 2020, 37(3): 101485.

［3］Arnold M B. Emotion and Personality［M］. New York: Columbia University Press, 1960.

［4］Ashfaq M, Yun J, Yu S, et al. I, Chatbot: Modeling the Determinants of Users' Satisfaction and Continuance Intention of AI-Powered Service Agents［J］. Telematics and Informatics, 2020(54): 101473.

［5］Bhattacherjee A. Understanding Information Systems Continuance: An Expectation-Confirmation Model［J］. MIS Quarterly, 2001, 25(3): 351-370.

［6］Brougham D, Haar J. Smart Technology, Artificial Intelligence, Robotics, and Algorithms(STARA): Employees' Perceptions of Our Future Workplace［J］. Journal of Management & Organization, 2018, 24(2): 239-257.

［7］Cambre M A, Cook D L. Computer Anxiety: Definition, Measurement, and Correlates［J］. Journal of Educational Computing Research, 1985, 1(1): 37-54.

［8］Chatterjee S, Bhattacharjee K K. Adoption of Artificial Intelligence in Higher Education: A Quantitative Analysis Using Structural Equation Modelling［J］. Education and Information Technologies, 2020, 25(5): 3443-3463.

［9］Chen J, Li R, Gan M, et al. Public Acceptance of Driverless Buses in

China: An Empirical Analysis Based on an Extended UTAUT Model [J]. Discrete Dynamics in Nature and Society, 2020(2020): 1-13.

[10]Chen X, Hu J. ICT-Related Behavioral Factors Mediate the Relationship between Adolescents' ICT Interest and Their ICT Self-Efficacy: Evidence from 30 Countries[J]. Computers & Education, 2020(159): 104004.

[11]Cheng B, Lin H, Kong Y. Challenge or Hindrance? How and When Organizational Artificial Intelligence Adoption Influences Employee Job Crafting [J]. Journal of Business Research, 2023(164): 113987.

[12]Cheng X, Huang X, Yang B, et al. Unveiling the Paradox of Technostress: Impacts of Technology-Driven Stressors on the Elderly's Avoidance Behaviors[J]. Information & Management, 2023, 60(8): 103875.

[13]Chong S, Kim Y J, Lee H W, et al. Mind Your Own Break! The Interactive Effect of Workday Respite Activities and Mindfulness on Employee Outcomes via Affective Linkages[J]. Organizational Behavior and Human Decision Processes, 2020(159): 64-77.

[14]Compeau D R, Higgins C A. Computer Self-Efficacy: Development of a Measure and Initial Test[J]. MIS Quarterly, 1995, 19(2): 189-211.

[15]Costigan R D, Iiter S S, Berman J J. A Multi-Dimensional Study of Trust in Organizations[J]. Journal of Managerial Issues, 1998, 10(3): 303-317.

[16]Czaja S J, Charness N, Fisk A D, et al. Factors Predicting the Use of Technology: Findings from the Center for Research and Education on Aging and Technology Enhancement (Create) [J]. Psychology and Aging, 2006, 21 (2): 333-352.

[17]Davis F D. A Technology Acceptance Model for Empirically Testing New End-User Information Systems: Theory and Results[D]. State of Arkansas: Massachusetts Institute of Technology, 1985.

[18] Davis F D. Perceived Usefulness, Perceived Ease of Use, and User Acceptance of Information Technology[J]. MIS Quarterly, 1989, 13(3): 319-340.

[19] Deng G, Fei S. Exploring the Factors Influencing Online Civic Engagement in a Smart City: The Mediating Roles of ICT Self-Efficacy and Commitment to Community[J]. Computers in Human Behavior, 2023(143): 107682.

[20] Dirks K T, De Jong B. Trust within the Workplace: A Review of Two Waves of Research and a Glimpse of the Third[J]. Annual Review of Organizational Psychology and Organizational Behavior, 2022, 9(1): 247-276.

[21] Doronina O V. Fear of Computers: Its Nature, Prevention, and Cure [J]. Russian Social Science Review, 1995, 36(4): 79-95.

[22] Etzion D, Eden D, Lapidot Y. Relief from Job Stressors and Burnout: Reserve Service as a Respite[J]. Journal of Applied Psychology, 1998, 83(4): 577-585.

[23] Eveland J, Tornatzky L G. Technological Innovation as a Process[M]. Mayland: Lexington Books, 1990: 27-50.

[24] Ghosh D, Sekiguchi T, Fujimoto Y. Psychological Detachment: A Creativity Perspective on the Link between Intrinsic Motivation and Employee Engagement[J]. Personnel Review, 2020, 49(9): 1789-1804.

[25] Gil Y, Greaves M, Hendler J, et al. Amplify Scientific Discovery with Artificial Intelligence[J]. Science, 2014, 346(6206): 171-172.

[26] Goldhammer F, Gniewosz G, Zylka J. ICT Engagement in Learning Environments [M]//Assessing Contexts of Learning. Springer, Cham, 2016: 331-351.

[27] Green F. Well–Being, Job Satisfaction and Labour Mobility [J]. Labour Economics, 2010, 17(6): 897-903.

[28] Guzzo R F, Wang X, Madera J M, et al. Organizational Trust in

Times of COVID-19: Hospitality Employees' Affective Responses to Managers' Communication [J] . International Journal of Hospitality Management, 2021 (93): 102778.

[29] Hatlevik O E, Throndsen I, Loi M, et al. Students' ICT Self-Efficacy and Computer and Information Literacy: Determinants and Relationships [J]. Computers & Education, 2018(118): 107-119.

[30] Hsu L-C, Wang K-Y, Chih W-H, et al. Modeling Revenge and A-voidance in the Mobile Service Industry: Moderation Role of Technology Anxiety [J]. The Service Industries Journal, 2021, 41(15-16): 1029-1052.

[31] Ilyas S, Abid G, Ashfaq F. Ethical Leadership in Sustainable Organizations: The Moderating Role of General Self-Efficacy and the Mediating Role of Organizational Trust [J]. Sustainable Production and Consumption, 2020(22): 195-204.

[32] Jones M K, Latreille P L, Sloane P J. Job Anxiety, Work-Related Psychological Illness and Workplace Performance: Job Anxiety, Work-Related Psychological [J]. British Journal of Industrial Relations, 2016, 54(4): 742-767.

[33] Khasawneh O Y. Technophobia: Examining Its Hidden Factors and Defining It [J]. Technology in Society, 2018(54): 93-100.

[34] Kulik C T, Perera S, Cregan C. Engage Me: The Mature-Age Worker and Stereotype Threat [J]. Academy of Management Journal, 2016, 59 (6): 2132-2156.

[35] Kuriakose V, Sreejesh S. Co-Worker and Customer Incivility on Employee Well-Being: Roles of Helplessness, Social Support at Work and Psychological Detachment—A Study among Frontline Hotel Employees [J]. Journal of Hospitality and Tourism Management, 2023(56): 443-453.

[36] Larson L, DeChurch L A. Leading Teams in the Digital Age: Four

Perspectives on Technology and What They Mean for Leading Teams[J]. The Leadership Quarterly, 2020, 31(1): 101377.

[37]Lazarus R S. Emotion And Adaptation[M]. Oxford: Oxford University Press, 1991.

[38]Lazarus R S. On the Primacy of Cognition[J]. American Psychologist, 1984, 39(2): 124-129.

[39]Lazarus R S. Psychological Stress and the Coping Process[M]. New York: McGraw-Hill, 1966.

[40]Lewicki R J, Tomlinson E C, Gillespie N. Models of Interpersonal Trust Development: Theoretical Approaches, Empirical Evidence, and Future Directions[J]. Journal of Management, 2006, 32(6): 991-1022.

[41]Li L, Lee K Y, Emokpae E, et al. What Makes You Continuously Use Chatbot Services? Evidence from Chinese Online Travel Agencies[J]. Electronic Markets, 2021, 31(3): 575-599.

[42]Limayem M, Hirt S, Cheung. How Habit Limits the Predictive Power of Intention: The Case of Information Systems Continuance[J]. MIS Quarterly, 2007, 31(4): 705-737.

[43]Maduku D K, Mpinganjira M, Rana N P, et al. Assessing Customer Passion, Commitment, and Word-of-Mouth Intentions in Digital Assistant Usage: The Moderating Role of Technology Anxiety[J]. Journal of Retailing and Consumer Services, 2023(71): 103208.

[44]Marangunić N, Granić A. Technology Acceptance Model: A Literature Review from 1986 to 2013[J]. Universal Access in the Information Society, 2015, 14(1): 81-95.

[45]McAllister D J. Affect- and Cognition-Based Trust as Foundations for Interpersonal Cooperation in Organizations[J]. Academy of Management Journal,

1995, 38(1): 24-59.

[46]Meuter M L, Ostrom A L, Bitner M J, et al. The Influence of Technology Anxiety on Consumer Use and Experiences with Self-Service Technologies [J]. Journal of Business Research, 2003, 56(11): 899-906.

[47]Nyhan R C, Marlowe H A. Development and Psychometric Properties of the Organizational Trust Inventory[J]. Evaluation Review, 1997, 21(5): 614-635.

[48] Osiceanu M-E. Psychological Implications of Modern Technologies: "Technofobia" versus "Technophilia"[J]. Procedia - Social and Behavioral Sciences, 2015(180): 1137-1144.

[49]Ostrom A L, Fotheringham D, Bitner M J. Customer Acceptance of AI in Service Encounters: Understanding Antecedents and Consequences[M]. Maglio P P, Kieliszewski C A, Spohrer J C, et al. Handbook of Service Science, Volume Ⅱ. Cham: Springer International Publishing, 2019: 77-103.

[50] Papastergiou M. Enhancing Physical Education and Sport Science Students' Self-Efficacy and Attitudes Regarding Information and Communication Technologies through a Computer Literacy Course[J]. Computers & Education, 2010, 54(1): 298-308.

[51]Peciuliauskiene P, Tamoliune G, Trepule E. Exploring the Roles of Information Search and Information Evaluation Literacy and Pre-Service Teachers' ICT Self-Efficacy in Teaching[J]. International Journal of Educational Technology in Higher Education, 2022, 19(1): 33, 1-19.

[52]Piniel K, Csizér K L. Motivation, Anxiety and Self-Efficacy: The Interrelationship of Individual Variables in the Secondary School Context[J]. Studies in Second Language Learning and Teaching, 2013, 3(4): 523-550.

[53]Podsakoff P M, MacKenzie S B, Moorman R H, et al. Transformational

Leader Behaviors and Their Effects on Followers' Trust in Leader, Satisfaction, and Organizational Citizenship Behaviors[J]. The Leadership Quarterly, 1990, 1(2): 107-142.

[54]Rahmani D, Zeng C, Chen M(Hui), et al. Investigating the Effects of Online Communication Apprehension and Digital Technology Anxiety on Organizational Dissent in Virtual Teams[J]. Computers in Human Behavior, 2023 (144): 107719.

[55] Regina J, Allen T D. Taking Rivalries Home: Workplace Rivalry and Work-to-Family Conflict[J]. Journal of Vocational Behavior, 2023(141): 103844.

[56]Robinson S L. Trust and Breach of the Psychological Contract[J]. Administrative Science Quarterly, 1996, 41(4): 574-599.

[57]Senkbeil M, Ihme J M. Motivational Factors Predicting ICT Literacy: First Evidence on the Structure of an ICT Motivation Inventory[J]. Computers & Education, 2017, 108(MAY): 145-158.

[58] Sonnentag S, Bayer U – V. Switching off Mentally: Predictors and Consequences of Psychological Detachment from Work during off-Job Time[J]. Journal of Occupational Health Psychology, 2005, 10(4): 393-414.

[59]Sonnentag S, Fritz C. The Recovery Experience Questionnaire: Development and Validation of a Measure for Assessing Recuperation and Unwinding from Work[J]. Journal of Occupational Health Psychology, 2007, 12(3): 204-221.

[60]Strohmeier S, Piazza F. Artificial Intelligence Techniques in Human Resource Management—A Conceptual Exploration [M]. Kahraman C, Çevik Onar S Intelligent Techniques in Engineering Management: Vol. 87. Cham: Springer International Publishing, 2015: 149-172.

[61]Venkatesh V, Bala H. Technology Acceptance Model 3 and a Research Agenda on Interventions[J]. Decision Sciences, 2008, 39(2): 273-315.

[62] Venkatesh V, Davis F D. A Theoretical Extension of the Technology Acceptance Model: Four Longitudinal Field Studies [J]. Management Science, 2000, 46(2): 186-204.

[63] Venkatesh, Morris, Davis, et al. User Acceptance of Information Technology: Toward a Unified View [J]. MIS Quarterly, 2003, 27(3): 425-478.

[64] Venkatesh, Thong, Xu. Consumer Acceptance and Use of Information Technology: Extending the Unified Theory of Acceptance and Use of Technology [J]. MIS Quarterly, 2012, 36(1): 157-178.

[65] Wang Y-Y, Wang Y-S. Development and Validation of an Artificial Intelligence Anxiety Scale: An Initial Application in Predicting Motivated Learning Behavior [J]. Interactive Learning Environments, 2022, 30(4): 619-634.

[66] Weiss H, Cropanzano R. Affective Events Theory: A Theoretical Discussion of The Structure, Cause and Consequences of Affective Experiences at Work [J]. Research in Organizational Behavior, 1996, 18(3): 1-74.

[67] Xi W, Zhang X, Ayalon L. When Less Intergenerational Closeness Helps: The Influence of Intergenerational Physical Proximity and Technology Attributes on Technophobia among Older Adults [J]. Computers in Human Behavior, 2022 (131): 107234.

[68] Yap Y-Y, Tan S-H, Choon S-W. Elderly's Intention to Use Technologies: A Systematic Literature Review [J]. Heliyon, 2022, 8(1): e08765.

[69] Zacher H. Successful Aging at Work [J]. Work, Aging and Retirement, 2015, 1(1): 4-25.

[70] Zhang Q, Guo X, Vogel D. Addressing Elderly Loneliness with ICT Use: The Role of ICT Self-Efficacy and Health Consciousness [J]. Psychology, Health & Medicine, 2022, 27(5): 1063-1071.

[71] Zhang Z, Maeda Y, Newby T, et al. The Effect of Preservice Teach-

ers' ICT Integration Self-Efficacy Beliefs on Their ICT Competencies: The Mediating Role of Online Self-Regulated Learning Strategies[J]. Computers & Education, 2023(193): 104673.

[72]陈奕延, 李晔. 人工智能技术恐惧症的定义、诱因、衡量及克服路径研究[J]. 计算机应用与软件, 2022, 39(12): 23-33, 63.

[73]陈云, 杜鹏程. 情感事件理论视角下自恋型领导对员工敌意的影响研究[J]. 管理学报, 2020, 17(3): 374-382.

[74]陈志恒, 胡桢. 我国商业养老保险需求影响因素的实证研究——基于人口老龄化背景[J]. 税务与经济, 2023(5): 58-65.

[75]迟景明, 何志程, 陈晓光. 组织公平感何以影响大学教师组织公民行为?——组织信任的中介作用[J]. 国家教育行政学院学报, 2021(7): 64-75.

[76]崔国东, 程延园, 李柱, 等. 年长员工何以"老当益壮"? 工作内、外控人格对职场成功老龄化的影响研究[J]. 中国人力资源开发, 2023, 40(3): 51-64.

[77]方杰, 温忠麟. 基于结构方程模型的有调节的中介效应分析[J]. 心理科学, 2018, 41(2): 453-458.

[78]费硕, 荣幸, 邓国胜. 公众对社区智能设备使用接纳度的影响因素研究[J]. 城市发展研究, 2023, 30(3): 18-23.

[79]韩平, 刘向田, 陈雪. 企业员工组织信任、心理安全和工作压力的关系研究[J]. 管理评论, 2017, 29(10): 108-119.

[80]何大安. 中国数字经济现状及未来发展[J]. 治理研究, 2021, 37(3): 5-15, 2.

[81]何宇, 陈珍珍, 张建华. 人工智能技术应用与全球价值链竞争[J]. 中国工业经济, 2021(10): 117-135.

[82]洪茹燕, 郭斌, Li Huiping. 组织间信任形成机制研究述评: 过去、

现在与未来展望[J]. 重庆大学学报(社会科学版)，2019，25(6)：71-83.

[83]黄丽满，宋晨鹏，李军. 旅游企业员工人工智能焦虑对知识共享的作用机制——基于技术接受模型[J]. 资源开发与市场，2020，36(11)：1192-1196，1258.

[84]贾良定，陈永霞，宋继文，等. 变革型领导、员工的组织信任与组织承诺——中国情景下企业管理者的实证研究[J]. 东南大学学报(哲学社会科学版)，2006，8(6)：59-67，127.

[85]李晓科. 大五人格视角下互联网医疗平台使用意愿及其优化路径[D]. 西安：西北大学，2021.

[86]李燕萍，陶娜娜. 员工人工智能技术采纳多层动态影响模型：一个文献综述[J]. 中国人力资源开发，2022，39(1)：35-56.

[87]栗婷婷. SSTs下顾客参与与感知服务质量的关系研究[D]. 大连理工大学，2011.

[88]马璐，陈婷婷，谢鹏，等. 不合规任务对员工创新行为的影响：心理脱离与时间领导的作用[J]. 科技进步与对策，2021，38(13)：135-142.

[89]米晋宏，江凌文，李正图. 人工智能技术应用推进中国制造业升级研究[J]. 人文杂志，2020(9)：46-55.

[90]彭息强，田喜洲，彭小平，等. 莫道桑榆晚：老龄员工职场成功的前因、后果及实现策略[J]. 外国经济与管理，2022，44(8)：90-105.

[91]秦佳良，余学梅. 数字创新中的领导力与管理研究——基于CiteSpace知识图谱分析[J]. 技术经济，2023，42(3)：126-141.

[92]丘挺. 人工智能在中国水墨画中的应用与挑战[J]. 美术观察，2023(8)：19-21.

[93]尚智丛，闫禹宏. ChatGPT教育应用及其带来的变革与伦理挑战[J]. 东北师大学报(哲学社会科学版)，2023(5)：44-54.

[94]施国洪，孙叶. 技术焦虑对移动图书馆服务质量的影响研究[J].

图书情报工作，2017，61（6）：37-45.

［95］宋晓晨，毛基业．基于区块链的组织间信任构建过程研究——以数字供应链金融模式为例［J］．中国工业经济，2022（11）：174-192.

［96］孙尔鸿，高宇，叶旭春．技术焦虑量表的汉化及其在老年群体中的信效度检验［J］．中华护理杂志，2022，57（3）：380-384.

［97］孙继伟，林强．差序氛围感知如何影响员工知识破坏行为：一个被调节的双中介模型［J］．科技进步与对策，2023，40（4）：114-123.

［98］唐强．人口老龄化对地方财政可持续性的影响——养老保障财政转移支付的调节作用［J］．云南财经大学学报，2023，39（9）：21-32.

［99］陶涛，王楠麟，张会平．多国人口老龄化路径同原点比较及其经济社会影响［J］．人口研究，2019，43（5）：28-42.

［100］万金，周雯珺，李琼，等．心理脱离对六盘水市医务人员工作投入的影响［J］．医学与社会，2021，34（6）：88-91，96.

［101］万金，周雯珺，周海明，等．心理脱离对工作投入的影响：促进还是抑制？［J］．心理科学进展，2023，31（2）：209-222.

［102］汪长玉，左美云．感知组织因素与工作意义对年长员工线下代际知识转移的影响研究［J］．管理学报，2020，17（8）：1228-1237.

［103］王炳成，冯月阳，张士强．幸福感与商业模式创新：组织信任的跨层次作用［J］．科研管理，2021，42（7）：137-146.

［104］王芙蓉，何艳红，刘蓉容．人工智能在军人心理服务领域的应用［J］．中国临床心理学杂志，2023，31（4）：924-927.

［105］王堃．信息通信技术（ICT）自我效能感与学习适应［D］．华中师范大学，2021.

［106］王泗通．人工智能应用的社会风险及其治理——基于垃圾分类智能化实践的思考［J］．江苏社会科学，2022（5）：108-116.

［107］王晓青．中国数字经济研究进展——基于 CiteSpace 的文献计量

分析[J]. 统计与决策，2023，39(15)：35-40.

[108]王杨阳，杨婷婷，苗心萌，等. 非工作时间使用手机工作与员工生活满意度：心理脱离的中介作用和动机的调节作用[J]. 心理科学，2021，44(2)：405-411.

[109]王忠军，张丽瑶，杨茵茵，等. 职业生涯晚期工作重塑与工作中成功老龄化[J]. 心理科学进展，2019，27(9)：1643-1655.

[110]温忠麟，叶宝娟. 中介效应分析：方法和模型发展[J]. 心理科学进展，2014，22(5)：731-745.

[111]辛迅，刘婷婷. 工作中成功老龄化的前因机制[J]. 心理科学进展，2023，31(11)：2183-2199.

[112]杨霞，李雯. 伦理型领导与员工知识共享行为：组织信任的中介作用和心理安全的调节效应[J]. 科技进步与对策，2017，34(17)：143-147.

[113]袁凌，童瑶，王钧力. 非工作时间工作连通行为对员工创造力的双刃剑效应：基于赋权奴役悖论[J]. 科技进步与对策，2023，40(11)：141-150.

[114]袁顺佳，罗博，张晋朝，等. 技术焦虑会阻碍老年人IT使用吗？[J]. 图书馆论坛，2024，44(2)：103-113.

[115]张少峰，陈於婷，张彪，等. 创新型团队中组织信任对二元威权领导涌现的作用机制研究——基于组织类亲情交换关系的理论视角[J]. 财经论丛，2022(1)：88-99.

[116]张一涵，袁勤俭. 计划行为理论及其在信息系统研究中的应用与展望[J]. 现代情报，2019，39(12)：138-148，177.

[117]张志学，华中生，谢小云. 数智时代人机协同的研究现状与未来方向[J]. 管理工程学报，2023，38(1)：1-13.

[118]赵磊磊，陈祥梅，马志强. 人工智能时代教师技术焦虑：成因分

析与消解路向[J]. 首都师范大学学报(社会科学版)，2022(6)：138-149.

　　[119]朱廷劭. 试析通用人工智能在心理学领域的应用[J]. 人民论坛·学术前沿，2023(14)：86-91，101.

附　　录

调查问卷

尊敬的先生、女士，您好！

感谢您在百忙之中抽出时间填写这份问卷，本问卷是一项有关老龄员工技术焦虑对于人工智能技术持续采纳的影响的调研，不作任何商业用途，您的回答将有助于我们的研究。

完成这份问卷大致需要占用您4~5分钟。以下问题的答案没有正确与错误之分，请您根据自己的实际经历或真实想法进行填写。敬请不要漏答！本问卷是匿名调查，您所填写的资料将仅供学术分析研究使用，不作个别披露或其他用途，请放心填写！您的填写的真实性对于我们研究结论的科学性至关重要！对于您的支持与合作，我们在此表示衷心的感谢！并祝您工作顺利，身体健康！

一、甄别题

请问您的年龄是否在45~64岁？

二、基本信息

请您根据自己的实际情况，填写对应的个人信息选项。

1. 您的性别

2. 您的年龄

3. 您的最高学历

4. 您所在企业的性质

5. 您的工作年限(年)

6. 您的月平均收入(元)

三、量表部分

结合材料，请您根据自己的真实感受，为每一道题目打分。

导入材料：随着人工智能技术的不断发展，它在办公领域的应用也越来越广泛。例如，企业可以利用人工智能来实现自动化、客户建模、信息处理、决策分析等方面的应用。此外，还可以利用人工智能来实现语音识别、虚拟助手、自然语言处理等功能。总之，随着人工智能的不断发展，它在办公领域的应用也越来越广泛。它不仅可以帮助企业快速完成大量重复性任务，还可以帮助企业进行数据分析和决策分析，从而帮助企业节省成本、增强竞争力。

1. 人工智能技术持续采纳部分

(1)综合考虑所有因素，我希望未来在工作中继续经常使用人工智能技术。

(2)我打算在工作中继续使用人工智能技术，而不是其他方式或工具。

(3)如果可能的话，我未来将会越来越多地使用人工智能技术。

2. 技术焦虑部分

(4)学会理解与 AI 技术/产品相关的所有特殊功能让我感到焦虑。

(5)学习使用 AI 技术/产品让我感到焦虑。

(6)学习使用 AI 技术/产品的特定功能让我感到焦虑。

(7)我担心人工智能技术/产品可能会取代人类。

(8)我担心人形机器人的广泛使用会夺走人们的工作。

（9）我担心，如果我开始使用 AI 技术/产品，我会对它们产生依赖，并失去一些推理技能。

3. 心理脱离部分

（10）在非工作时间，我可以忘掉工作相关事宜。

（11）在非工作时间，我根本不会想到有关工作的事。

（12）在非工作时间，我能让自己远离工作。

（13）在非工作时间，我能从工作的要求中解脱出来并得到休息。

4. 注意力筛选部分

注意！本题为注意力甄别题，请在选项中选择"同意"。

5. 组织信任部分

（14）我认为公司是非常正直的。

（15）我的公司总是诚实可信的。

（16）总体来看，我认为公司的动机和意图是好的。

（17）我觉得公司公平地待我。

（18）我的公司对我是坦率、直接的。

（19）我完全相信公司。

6. ICT 自我效能部分

（20）我可以在桌面上创建一个程序的快捷方式。

（21）我可以打印出一页长长的文本。

（22）我能够使用文字处理对文本进行格式化，以便清晰地表示文本。

（23）我能够在表格中根据不同的标准对数据进行排序。

（24）我可以使用工作表数据创建图表。

（25）我可以发送并接收电子邮件。

（26）我能够识别搜索引擎的结果是否是广告。

（27）我能够识别网页上提供的信息是否可信。

（28）我知道如何注册和登录网页。

预调研 1：将研究对象确定为老龄员工的必要性

一、预调研目的及原因

人口老龄化已经成为全球性的趋势。联合国发布的《2024 年世界人口展望》报告指出，到 21 世纪 70 年代末，65 岁及以上的人口数量预计将超过 18 岁以下的人口数量。全球 65 岁以上老年人在总人口中的占比可能由 2000 年的 6.8% 上升至 2040 年的 14.3%，2050 年可能上升到 16.3%，步入中度老龄化阶段。而中国老龄化问题也尤为突出，随着生育率的下降和平均寿命的延长，老年人口在总人口中的比例持续上升。根据国家统计局数据，截至 2023 年底，中国 60 岁及以上老年人口已超过 2.8 亿，占总人口的近 20%，预计到 2050 年这一比例将超过 30%。根据以上宏观数据，可以看出世界及中国的老龄化问题。但是，具体至某个城市以及某个组织，情况又是怎样的？本书将研究对象确定为老龄员工是否有必要有待解答。因此，笔者以某市为例，对其老龄人口以及组织中的老龄员工进行了调研。

二、预调研的研究过程

笔者以某市为调研对象，通过政校合作开展调研工作，经过 1 个月的时间，先后实地走访了市委组织部、市工信局、市人社局、市农业农村局、市教育局等，对各个部门主管领导进行访谈，相关部门积极提供了大量基础数据及资料。此外，笔者通过市工信局走访了一家企业，对其老龄员工情况进行了调研。

三、调研结果

（一）XX 市人口调研

1. 人口总量呈下降趋势

××市人口自然增长率总体呈下降趋势，户籍人口数量也不断下降，2022 年较之 2018 年减少 7.6 万人，人口总量持续负增长，但人口分布基本稳定，人口结构进一步优化。2018~2022 年，流动人口管理办法、生育政策、户籍制度改革等一系列人口相关政策陆续出台，人口流动情况减缓，但情况依旧严峻。××市人口迁入量始终小于人口迁出量，且两者差值持续保持在 5000 人以上。此外，2020 年公主岭市划归长春市管辖，导致××市人口直接减少 101.39 万人。

2. 60 岁以上人口占比逐年上升

第七次全国人口普查数据显示，××市 15~59 岁人口占总人口的比重为 63.68%，对比 2010 年第六次全国人口普查数据，人口比重下降 10.02 个百分点，且该比例与全国同期数值基本持平；60 岁及以上人口占总人口的比重为 24.48%，较之 2010 年，人口比重上升 11.42 个百分点，且 60 岁以上人口数量超过 0~15 岁人口数量，与全国同期情况相同。按照联合国标准，一个地区 60 岁以上人口占总人口比重超过 10%，即进入老龄化社会。目前，××市 60 岁以上人口占总人口比重已经超过 20%，当列入中度老龄化。据此可知，××市人口老龄化及劳动年龄人口短缺较为严峻。

3. 年轻人口流失严重

第七次全国人口普查数据显示，与 2010 年第六次全国人口普查数据相比，人户分离人口增长 204.84%，市辖区内人户分离人口增长 168.68%，流动人口增长 224.52%。另据全员人口信息平台统计，2022 年××市迁出人口达 11413 人，其中迁往省内 4904 人，迁往省外 6509 人，总体较 2018 年减少 8795 人。××市人口已连续多年流失，且无明显缓解态势。每年因升学流出人口持续增多，但毕业后返回创业就业人数比例过少，每年外出务工人口也不断增加，导致"户在人不在"数量持续攀升。××市流出人口多为年轻人，且存在明显的"趋高性"，即流失人口多发于高学历、高职称、高技能、高荣誉、高职位群体。此外，××市高端人才流出绝对数量虽然较少，但补充数量相对更少，因此年轻高端智力的净流失问题不可忽视。

4. 外来人口流入缓慢

外来人口会对一个地区的消费、教育、住房和基础设施等方面产生影响，高素质的人口更是会对一个地区的产业结构调整与优化产生促进作用。但据全员人口信息平台统计，2022 年××市迁入人口达 4938 人，比2018 年减少 4649 人，下降 48.5%，迁入人口主要基于升学、务工、婚配等原因。其中，省内迁入 2532 人，省外迁入 2406 人。据此可知，外来流入人口数量逐渐趋缓，且与流出人口数量之间存在较大差额，导致净流入人口也呈逐年减少态势。

5. 农村人口老龄化严重

××市农村人力资源大量转移至城镇地区，造成××市农村人口比例失衡，与农业相关的从业人员不断减少。青壮年前往大城市打拼生活，老弱人群留守农村地区，致使××市农村人力资源老龄化尤为严重。第七次全国人口普查数据显示，××市农村 60 岁及以上老人的比重高于同期城镇地区，形成"城乡倒置"现象。××市农村人均土地资源量偏少、农村农业机械化水平持续提高，农业生产效率大幅提高，加之农业生产季节性强，外出务工成为××市农村青壮年的上等选择，而老年人因传统观念和生活习惯等因素更倾向于留守农村。由此，青壮年劳动力务农的内生动力不足，农村留不住年轻人，农村农业新技术推广更加困难，农业现代化进程日趋缓慢。××市农村地区缺乏充足的青壮年人力资源支撑，农村产业难以焕发新的活力，农村经济增长步履维艰。

6. 领取社保人口比例逐年提高

2018～2022 年，××市离退休人口绝对数持续攀升，由 2018 年的 23.72 万人增至 2022 年的 26.96 万人。但××市参保人数却不断减少，由 2018 年的 24.58 万人减至 2022 年的 23.10 万人。这使得××市抚养比不断降低，养老保障和医疗保障的负担越来越重。特别是随着养老金水平的不断提高，养老保险收支差距正不断拉大，收支不平衡的问题越来越突出。

(二)XX市某企业老龄员工情况调研

随着××市人口结构的变化和社会老龄化趋势的发展，被调研 S 企业中 45 岁以上的员工比例逐渐上升，这一群体不仅拥有丰富的经验和专业知识，同时也面临着职业发展的挑战和个人生活的变化。本次调研覆盖了 S 企业全体员工中的 45 岁以上年龄段，共计调研样本 1200 人，占企业员工总数的 30%。调研采用问卷调查和深度访谈相结合的方式，内容涵盖了年龄分布、性别比例、教育背景、岗位分布等多个维度，力求全面反映 45 岁以上员工的现状。

1. 年龄分布情况

45～49 岁员工占比 45%，共计 540 人。这一年龄段员工处于职业生涯的中后期，工作经验丰富，精力依然充沛，是企业的中坚力量。50～54 岁员工占比 35%，共计 420 人。这部分员工开始关注退休规划，同时也在寻求职业发展的新路径。55 岁及以上员工占比 20%，共计 240 人。这一年龄段员工即将或已经步入退休年龄，对生活质量和工作平衡有更高要求。此外，根据对被调研企业负责人的访谈，45 岁以上员工占比将逐年上升，尤其是 50 岁以上员工增长迅速，由此表明 S 企业员工年龄结构正逐步向老龄化过渡。

2. 总体性别分布

S 企业中，45 岁以上员工中，男性占比 56%，共计 672 人；女性占比

44%，共计 528 人。这一比例反映了企业整体性别结构，也表明在 45 岁以上年龄段，男女比例相对均衡。男性员工在管理层和技术岗位上的比例高于女性，这可能与传统职业分工和性别角色定位有关。女性员工在行政、财务等支持性岗位上的比例较高，同时也展现出在销售、市场等岗位的积极参与度。

3. 教育背景分布

S 企业中，高中及以下学历占比 20%，共计 240 人。这部分员工主要集中在生产、物流等一线岗位。大专学历占比 35%，共计 420 人。大专学历员工广泛分布于各个岗位，尤其是技术、销售和服务部门。本科学历占比 30%，共计 360 人。本科学历员工在管理层、研发和技术支持岗位占比较高。研究生及以上学历占比 15%，共计 180 人。这部分员工多为企业高管、高级技术人员或专业人士。根据对被调研企业负责人的访谈，教育背景影响着员工对新技术、新知识的接受能力和创新能力，高学历员工在职位晋升、薪资提升和职业发展机会上更具优势。

4. 岗位类型分布

S 企业中，管理层占比 25%，共计 300 人，包括部门经理、项目负责人等，是企业决策和管理的核心力量；技术岗位占比 30%，共计 360 人，包括研发人员、工程师、IT 人员等，是企业技术创新和产品开发的支柱；生产岗位占比 20%，共计 240 人，主要分布在生产线、质检等部门，是企业生产运营的基础；销售与服务岗位占比 15%，共计 180 人，包括销售人员、客服代表等，是企业市场拓展和客户服务的窗口；行政与财务岗位占比 10%，共计 120 人，包括行政助理、财务经理等，负责企业日常管理和财务运作。根据对被调研企业负责人的访谈，45 岁以上员工在岗位流动和职业发展上表现出一定的稳定性和保守性。大多数员工倾向于在现有岗位上深耕细作，追求技能提升和业绩提升。同时，也有部分员工通过内部晋升或跨部门调动实现了职业发展的新突破。

四、研究结论

(一)难以支撑大企业落户

××市现有人口素质结构在一定程度上难以支撑大企业落户。针对当前聚力"强链"目标，××市着重招引农产品转化、汽车零部件、化工、医药健康、新能源、数字经济等重点产业及新兴产业相关领域的大型企业落户。但××市人口老龄化问题、人口外流问题均导致劳动力供给有限，对于单个大型企业落户后所需的成千上万劳动力而言，必然出现"招工难、用工荒"等问题，这将成为大型企业落户××市的重要顾虑之一。同时，××市现有劳动力的就业结构较为单一，仅以传统产业为主，劳动力技能水平较低，尤其是相关高端人才如科技型人才、新业态人才等相对稀缺，这将难以满足大型企业的高端人才需求。

(二)减弱企业发展后劲

××市人口素质结构导致人才无法成为企业核心竞争要素，反而成为企业发展壮大的制约因素。首先，××市从管理层至技能工人，人口结构呈现老龄化趋势，且人才流失现象较为严重，这直接造成企业财富的流失，并制约了企业未来发展能力。其次，根据××市"十四五"规划，该市将全面率先实现农业农村现代化、全力推进转型升级、推进现代服务业跨越发展、实施创新驱动战略。但面对企业升级转型的人才需求，××市现存人才总量不足、人口素质普遍偏低，无法提供强而有力的人才支撑；产业领域的高技能人才、职业技能人才严重不足，难以匹配产业升级发展需求，低效落后的产能和劳动生产率无法为企业的高质量发展提供动能。

(三)降低社会文化生活活力

首先，××市人口老龄化现象突出，60 岁以上人口接近总人口的 1/4，而老年人相对于年轻人社交参与度更低，这将导致社会文化生活活动的多样性和活跃度下降。其次，××市义务教育规模逐年缩小、青年受教育程度稳中有降，而知识储备和文化素养将会影响人们对艺术、音乐、文学等文化活动的参与，也将限制诸如志愿活动、大型体育运动等发展型社会文化生活活动的开展。最后，××市人力资源主要集中于工业和农业等传统行业，知识经济和文化创意产业发展较为滞后，导致社会文化生活活动的侧重点有限，限制了社会文化生活的创新性和包容性，新兴流行文娱生活，诸如脱口秀、街拍等产业缺乏消费基础。

（四）加大社会保障负担

从家庭角度分析，2018～2022 年，老年抚养比增长 6.94%，少年抚养比减少 2.45%，总抚养比增加 4.49%。因此，××市人口老龄化问题导致以家庭为单位的养老负担增加，家庭支出中人力资本投入的比例减少，对高质量劳动力供给存在消极作用。从社会角度分析，老龄化会影响社会收入支出结构，进而影响社会保障能力。××市老龄化降低了其潜在经济增长率，减少了新财富创造，降低了储蓄率和投资，扩大了政府用于养老的社会保障及公共服务支出，对社会医疗、养老保险和社会经济发展等构成沉重压力。从产业角度分析，老年抚养比增加直接加重了社会养老负担，挤占其他投资资源，不利于产业结构合理化，加之增值税税率下降、优惠政策及个税改革，财政收入减少，从而挤占了政府对于其他领域的投资资本。

（五）劣化创新创业环境

首先，高等教育既可提供必要的知识技能，对于创新思维和解决问题能力的培养也必不可少。但××市青年受教育程度下降，阻碍了青年群体创新创业思维和解决问题能力的提升。其次，××市高技能人才整体年龄偏大、学历偏低，企业缺乏中青年高技能人才，无法支撑企业完成技术创新。再次，××市青年创业者素质不高，虽具有外地工作经历，创业产业以种植、养殖为主，服务业为辅助，但创业成功率低，不利于向社会释放正向的创新创业信号。最后，××市新型技能人才总量不足、素质偏低，仅能在新兴产业之中获取个人短期利益，无法塑造真正的新兴产业优良创业环境。

(六) 制约产业转型与升级

首先，劳动力技能水平和产业升级需求之间的匹配度对于产业升级至关重要。××市现有的劳动力技能水平较低，与新兴产业或高附加值产业的劳动力需求之间存在一定的错配，劳动力技能缺口大和招工难问题限制了产业升级的速度和质量。其次，高素质人才是高技术产业发展的关键要素。××市高素质人才，如研发人员、专业技术人员和创新人才等较为缺乏，限制了高技术产业发展和升级的推进。最后，劳动力结构需随着经济变化和产业结构调整进行升级。××市劳动力结构过于依赖传统产业和劳动密集型企业，新型技能人才总量较少，新兴产业发展受到人才不足的影响，进一步制约了产业转型和升级。

(七) 负面影响城市定位

××市自身城市定位为大二类强市，但城市定位与实际排名之间存在着一定差距。这一方面与人口数量的减少密切相关。××市人口自然增长率总体呈下降趋势，人口总量持续负增长，加之外来人口流入缓慢，总人口数量逐年降低，难以支撑大二类强市的定位目标。另一方面，人口素质结构决定了城市在经济发展中的竞争力，高素质人才是城市发展的重要驱动力。××市人口素质结构相对较低，高技能人才匮乏、管理人员素质偏低，城市发展在科技创新、高新技术产业和新兴产业发展方面面临重重困难，对××市发展形成制约。总体而言，××市人力资源水平已对自身城市定位产生较大负面影响。

五、结束语

通过对××市的人口调研及对该市 S 企业的调研发现，劳动力市场中的老龄员工占比较高，未来将呈现不断上升趋势，且该趋势在短期内将无法改变。该现状会对该市城市发展、产业升级及所在企业的生产及发展产生重大负面影响。因此，本书将研究对象确定为老龄员工具有现实基础。该问题的破解，将在一定程度上解决企业发展及城市发展所面临的一些问题。而从未来看，本书的研究结论也将具有一定的指导实践的价值。据此，本书确认将研究对象锁定为老龄员工。

预调研 2：明确研究议题的管理实践基础

一、预调研目的及原因

在组织管理实践中，往往存在一个矛盾的事实：老龄员工由于年龄、技术移民等问题，往往对以人工智能为代表的新技术存在明显的抗拒态度及行为，并且在采纳人工智能技术过程中确实存在困难表现，诸如语言抱怨、反复采纳失败等。但是，从观察的最终结果中又发现，许多老龄员工人工智能技术采纳十分成功，个人绩效也因此而明显提升。那么，从"抗拒"到"成功"，从"负面的初始"到"正面的结果"，其中的原因是什么？具体到微观变量，如果我们仅仅关注老龄员工技术焦虑与人工智能技术持续采纳，那么从老龄员工技术焦虑到人工智能技术持续采纳的过程中到底发生了什么？它是否具有研究价值？这些问题均亟待解决。因此，有必要在正式开展研究之前，为了真正明确本书研究的价值，进行一个朴素的预调研。通过明确是否找到若干完整的管理实践事实，以确认本书研究的可行性及实践价值。

二、预调研的研究过程

本次预调研以某学校在工作中采纳人工智能技术的老龄教师为研究对象，采用质性研究方法，通过深入访谈、观察记录和文献分析等多种手段，对该学校老龄教师面对人工智能技术的焦虑情绪及人工智能技术持续采纳情况进行了初步研究。具体研究步骤如下：

（1）样本选择。选取某学校年龄在 45 岁及以上的 10 名老龄教师作为研究对象，他们分别来自不同的学科领域，具有丰富的教学经验。

（2）资料收集。通过深入访谈、课堂观察、教学日志分析等多种方式，收集研究对象在面对人工智能技术时的心理反应、教学行为变化以及人工智能技术持续采纳情况等方面的资料。

三、预调研的结果描述

通过对收集到的资料进行整理、分类，提取出关键信息和主题，进行深入分析。该学校年龄在 45 岁及以上的 10 名老龄教师在人工智能技术持续采纳中普遍经历了以下过程：

（一）初步接触人工智能技术阶段产生了技术焦虑

在人工智能技术引入学校初期，这 10 名老龄教师对新技术表现出了一定的好奇心和尝试意愿。然而，在真正开始初步接触人工智能技术后，他们很快感受到了人工智能技术的复杂性和挑战性。由于自身缺乏对人工智能技术的了解和操作技能，因此他们在使用人工智能技术的过程中频繁出错或无法达到预期的教学效果。这种挫败感导致他们产生了焦虑情绪，担心自身无法适应新的教学要求和技术变革。

（二）技术焦虑情绪逐步发展并产生差异化影响

随着技术焦虑情绪的不断发展，这 10 名老龄教师在面对人工智能技术时表现出了不同的态度和行为。3 名教师选择了暂时放弃使用人工智能技术，回归传统的教学方式；而其余 7 名教师则选择了坚持学习和使用人工智能技术。然而，无论是放弃还是坚持，他们的技术焦虑情绪均对他们的教学行为产生了影响。放弃使用人工智能技术的教师失去了对新技术的兴趣和使用动力，导致他们的教学水平停滞不前；而坚持使用人工智能技术的教师则面临着巨大的学习压力和挑战，需要不断克服困难和挫折。

(三)进入人工智能技术持续采纳阶段使得焦虑也有所缓解

对于坚持使用人工智能技术的老龄教师而言，他们的焦虑情绪在持续采纳人工智能技术的过程中逐渐得到了缓解。通过不断学习和实践，他们逐渐掌握了人工智能技术的操作技能和应用方法，提高了自身的教学能力和水平。这种成就感和自信心的增强有助于缓解他们的焦虑情绪。同时，他们也逐渐认识到了人工智能技术在教学中的优势和价值，开始积极尝试将新技术应用于教学中，取得了良好的教学效果。另外，进入人工智能技术持续采纳阶段的老龄员工对初期放弃持续采纳人工智能技术的老龄员工也有所触动，使他们产生了再次尝试使用人工智能技术的意愿。但这部分老龄员工是否会再次采纳人工智能技术，则可能需要一定的组织环境作为驱动力。

四、预调研的初步研究结论

基于以上访谈过程，得出如下三个方面的初步研究结论：

(一)老龄教师的人工智能技术焦虑类型

第一，老龄教师的人工智能技术焦虑来源于技术恐惧。许多老龄教师对人工智能技术感到陌生和恐惧，担心自己无法掌握这种新技术。他们担心自己会因为技术落后而被淘汰，从而失去原有岗位。

第二，老龄教师的人工智能技术焦虑来源于职业担忧。随着人工智能技术在教育领域的应用越来越广泛，老龄教师开始担心自己的职业前景。他们担心人工智能技术会取代教师的角色，导致自己失业或职业地位下降。

第三，老龄教师的人工智能技术焦虑来源于隐私顾虑。在人工智能技术的应用过程中，老龄教师对学生的隐私安全表示担忧。他们担心因个人使用不当，导致学生的个人信息被泄露或滥用，从而对学生的权益造成损害，进而给学校带来较大问题及麻烦。

（二）老龄教师的人工智能焦虑成因

第一，技术认知不足。由于老龄教师对人工智能技术的了解有限，因此他们往往对新技术持怀疑态度。他们缺乏对新技术的深入了解和认识，导致在面对人工智能技术时感到困惑和不安。

第二，职业发展压力。随着教育技术的不断发展，教育教学对教师的职业要求也在不断提高。老龄教师面临着来自职业发展方面的压力，担心自己无法适应新的教学要求和技术变革。

第三，社会舆论影响。社会上关于人工智能技术取代教师职业的言论和报道，对老龄教师的心理产生了负面影响。他们担心自己的职业地位会受到威胁，从而加剧了焦虑情绪。

（三）老龄教师技术焦虑与人工智能技术持续采纳综合表现

第一，初步尝试人工智能技术。在人工智能技术引入初期，许多老龄教师表现出了一定的好奇心和尝试意愿。他们愿意尝试使用人工智能技术进行教学，以了解新技术的特点和优势。

第二，人工智能技术采纳与技术焦虑产生。在使用人工智能技术的过程中，老龄教师遇到了许多困难和挑战。他们缺乏对新技术的操作技能和理解能力，导致在使用人工智能技术的过程中频繁出错或无法达到预期的教学效果。

第三，人工智能技术持续采纳。面对困难和挑战，部分老龄教师选择了坚持学习和使用人工智能技术。他们通过参加培训、请教同事或自主学习等方式，逐渐掌握了人工智能技术的操作技能和应用方法。而另一部分老龄教师则选择了放弃使用人工智能技术，回归传统的教学方式。

五、结束语

本次预调研最重要的价值是寻找研究事实基础，即管理实践中纵使老龄员工存在技术焦虑，但最终确实可以十分成功地持续采纳人工智能技术。这是本书研究的重要基础，也是开展正式研究的前提条件。

然而，本书虽然在管理实践中找到了事实依据，但本次预调研是较为朴素的访谈、观察和文献分析，并未确认老龄员工技术焦虑与人工智能技术持续采纳存在关联性。本次预调研只是发现了初期是"老龄员工技术焦虑"，末期是"人工智能技术持续采纳"，两者关系从常规判断是：老龄员工技术焦虑负向影响人工智能技术持续采纳。但如若通过建立模型，获取数据并分析后，结论能够支持该常规判断吗？该疑问并未解决。此外，从老龄员工技术焦虑到人工智能技术持续采纳的路径是什么？本次调研并未寻找到一个科学的答案，只是对相关影响因素有所猜测。因此，有必要通过模型及数据分析结果找到准确的路径，进而揭开老龄员工技术焦虑影响人工智能技术持续采纳的真实原因，这对于管理实践更具指导价值。据此，后续管理实践可以对相关路径中所涵盖的因素加以干预，将老龄员工行为朝着更加有利于组织绩效提升的角度进行科学引导。